让孩子**不再**尿床

如何帮孩子彻底摆脱这个恼人又尴尬的问题

［意］伊丽萨·康帕纽罗　　菲洛缅娜·达戈罗沙 ◎ 著

杨苏华 ◎ 译

北京理工大学出版社
BEIJING INSTITUTE OF TECHNOLOGY PRESS

图书在版编目 (CIP) 数据

让孩子不再尿床: 如何帮孩子彻底摆脱这个恼人又尴尬的问题/(意) 伊丽萨·康帕纽罗, (意) 菲洛缅娜·达戈罗沙著; 杨苏华译.—北京: 北京理工大学出版社, 2019.10
（关键期关键帮助系列）

ISBN 978-7-5682-7475-3

Ⅰ.①让… Ⅱ.①伊…②菲…③杨… Ⅲ.①儿童—习惯性—能力培养 Ⅳ.① B844.1

中国版本图书馆 CIP 数据核字 (2019) 第 178079 号

北京市版权局著作权合同登记号 图字 01-2019-4696

© Il Castello S.r.l., Milano 71/73 12-20010 Cornaredo (Milano), Italia plus date of first publication and the title of the Work in Italian

The simplified Chinese translation rights arranged through Rightol Media （本书中文简体版权经由锐拓传媒取得 Email:copyright@rightol.com）

出版发行 / 北京理工大学出版社有限责任公司
社　　址 / 北京市海淀区中关村南大街 5 号
邮　　编 / 100081
电　　话 / （010）68914775（总编室）
　　　　　（010）82562903（教材售后服务热线）
　　　　　（010）68948351（其他图书服务热线）
网　　址 / http://www.bitpress.com.cn
经　　销 / 全国各地新华书店
印　　刷 / 三河市华骏印务包装有限公司
开　　本 / 880毫米 × 1230毫米　1/32
印　　张 / 5　　　　　　　　　　　　　　　　责任编辑 / 李慧智
字　　数 / 100 千字　　　　　　　　　　　　文案编辑 / 李慧智
版　　次 / 2019 年 10 月第 1 版　2019 年 10 月第 1 次印刷　　责任校对 / 周瑞红
定　　价 / 39.80 元　　　　　　　　　　　　责任印制 / 施胜娟

关于本书

　　在引入"儿童遗尿症"这个贯穿本书始末的主题之前，我觉得有必要先带读者回顾一下弗洛伊德曾向我们发出的一句警告，即儿童是没有任何道德责任感可言的。借助这句话，我想强调一个什么问题呢？那就是我们对于孩子的症候性反应（比如遗尿），也应该做出特殊的解读。意思就是说，没有孩子会出于恶意或怨恨而故意尿床，这种意义上的"坏孩子"是不存在的，即尿床的发生并不意味着孩子是有这类意图的。虽然尿床的确传达了孩子想要引起关注的需要，而且还会给全家人的生活都带来麻烦，让大家感到愤怒，但是我们要记得，这种行为的本质永远都是孩子针对其所爱的对象而做出的回应，是在向他们传达某种信息和诉求。也就是说，孩子的症状，尤其是其不安的行为，肯定是代表着某种意义的。这些外在的异常表现向我们透露着孩子内心的状态，包括他在成长过程中遇到的困难以及他的恐惧与愤怒。

爱之生，恨之始，爱恨总是并存的，我们每个个体身上都既有充满爱意的感情，同时又有攻击性，从而保证个人的利益；我们与他人和世界的关系，实际上从很大程度上来说是一种各种情感的微妙平衡。举例来说，小孩有时候会通过咬人的方式，来表达他的爱有多深，还有的时候会紧紧地抱住妈妈，勒得妈妈喘不上气来，以此来表达他对这种亲密关系的强烈需求。

为了更全面地理解本书中所讲到的多种复杂意义，在这里我必须要先强调一下，每个儿童、每个孩子，都会刻意地迎合他们所爱的人的喜好，通过语言和行动，表现出符合对方预期的样子。

很多孩子来看心理医生的时候，都会介绍自己是"讨厌鬼""傻瓜""小怨妇"等。也就是说，孩子在构筑自我概念的时候，别人对他的描述、叫他的方式以及对他的评价都会深刻地影响他对自己的定义。有一次有个患有遗尿症的孩子（9岁）来我这里就诊，张口就说"我是个撒尿精"，这已经是他的名片了。"但是你肯定还有个名字吧？"我对他说，他回答道："对，我叫西罗，但是这不是我来这里的原因！"

我认为这本书所讲述的正是孩子表达出来的内容（有时候不是通过语言，而是通过身体表达的），与他们所爱的人以及他们所生活的环境之间的密切关系。我们从书中的很多段落都可以清楚地看出，遗尿症其实是介于心理领域和器官领域之间的一个问题，所谓的器官领域，也就是我们的身体，而且"人的身体对孩子来说是一个陌生而神秘的领域，他们还没学会如何很好地掌控自己的身体，因此这也就成为他们感到疑惑和恐惧的原因。"（引用自本书正文第 77 页）。

从精神分析学的角度来说，母亲最重要的作用之一就是理解并解释孩子的意思，即努力接收孩子传达出来的信号，并且将其翻译为恰当的、双方都满意的解释。我们可以想一下，婴儿的喊叫声本来没有什么意义，但是妈妈把这种喊叫定义成了"哭"，即把它变成了一种有意义的信号。因此，是妈妈将孩子的喊叫声翻译为一种在召唤、在求助的状态，在她听来，小家伙的这种"语言"可是很动听的。所以我们说，父母在陪伴孩子成长过程中的一言一行，包括父母对孩子的身体及其生理功能的态度，对孩子来说都很重要，它们能帮助小家伙认识这

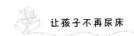

个"陌生的世界"，学会如何与之相处，更重要的是学会如何悦纳自己的身体和生理需求。

通过作者详细的讲解，我们了解到解读和处理儿童遗尿问题可以有非常多不同的思路，但是可以说一般而言，最常见的思路就是将生理学解释（由于生理发育速度较慢，导致对膀胱的控制能力比较弱）和心理学角度（情感方面的问题）的解释结合起来。比如，孩子会害怕得不到父母的承认，或因此而感到焦虑，同时跟同龄人的相处也会遇到困难，因为孩子会因为自己尿床而没有办法跟同伴一起去做某些事情，这些心理层面的原因会引起孩子情感上的强烈不适，从而加剧尿床的现象。而且，孩子会因为尿床而没办法跟同学一起去旅行，因为尿床而不能留在朋友家里睡觉，尿床剥夺了孩子太多类似的权利，对孩子来说是很难接受的……有时候，害怕被发现或/和害怕被别人嘲笑的心理会导致孩子产生心理障碍，虽然这并不是遗尿现象本身的症状，但却也是由遗尿问题间接造成的影响。

两位作者非常清楚地告诉我们，尿床并不一定是病理性的症状或发育异常，这是非常特殊的一种现象，它有可能只是表明孩子在当下面对某些问题（比如入学、弟弟的出生、妈妈要重新开始上班）暂时遇到了困难，或者暂时无法处理好自己内心深处的恐惧和感情冲突。

菲洛缅娜·达戈罗沙特别指出一点，如果家里人全都把注意力集中在孩子尿床这件事上，而且天天为此感到担心，把它当成了整个家庭的一个重大问题，动不动就说"什么都很好，除了尿床这件事……"，将很有可能会对孩子造成更大的伤害。

孩子就像海绵一样，有些事情即使我们没有明确地说出来他们也会知道，他们能从父母的眼神中看出父母对自己的态度，也能感受到家人的焦虑以及爸爸妈妈的失望。有时候，父母的担心和对自己的怀疑，即感觉自己在教育孩子控制括约肌方面做得不够好，其实比遗尿现象本身带给孩子的消极影响更大。

因此，菲洛缅娜·达戈罗沙强调，儿科医生在给孩子诊治的时候，一定要从五个方面入手，即询问、搜集信息、评估、安慰和康复治疗，如果有可能的话，还可以问问孩子的看法，因为"我们要了解孩子是不是在有意识地积极参与到治疗过程之中"，作者这样强调。

作为心理医生，作者伊丽萨·康帕纽罗想极力提醒我们，

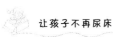

孩子"不是玩偶娃娃，而是人"，因此他们每个人身上的"程序"都是不一样的，我们也不能期望用相同的方式给他们"编程"。有的孩子可能两岁的时候就完全不需要用尿布了，也有的孩子可能虽然年龄大得多，但还是会尿床。因此，父母最好要做好心理准备，认识到每个孩子都有自己的特点，实际上我们每个人都是不一样的，正是这些独特之处让我们成为不一样的个体。有的孩子可能更乖巧，更讨人喜欢，有的孩子则懒一点，更让人费心；他们可能在某一个方面更让爸爸和妈妈操心，但是在其他方面呢？他们可能每天晚上都尿床，父母不得不半夜起来照顾他们，可是他们同时又非常善良、非常热情，而且吃饭的时候也很乖，从不挑食。

我认为，两位作者虽然没有明说，但她们的意图应该是让父母不要把目光锁定在尿床这件事上，因为这样有可能会导致忽视孩子在其他方面的潜力，而且会让小孩觉得自己在家里只是个"撒尿精"，只会让爸爸和妈妈失望。找到解决问题的方法，或者以不会对孩子造成伤害的最恰当的方式对待孩子，这对父母来说肯定是很艰难的，但是要求他们视而不见或放手不管也不容易。有时候有的医生会对孩子的爸爸妈妈说"您就假装什么都没发生"，但是我觉得这种要求应该更难做到吧。

我还在读大学的时候，听说有遗尿症的女孩当月经初潮时就不会再尿床了。作为一个心理分析师，这种说法让我意识到无论是在男孩中还是女孩中，遗尿的问题实际上暗含着与"性"的千丝万缕的联系。作者伊丽萨·康帕纽罗在文中也讲到了性的问题，她详细地描述了弗洛伊德在这方面的伟大发现，即儿童也有性生活。

　　在这里我可以讲两个例子。有一个5岁的小男孩，在做了包皮环切的手术之后又开始尿床了。他妈妈反映，在去看儿科医生的时候，医生都会给小家伙清理一下伤口，她发现每次从医生那里回来，孩子就会更加频繁地去摸自己的小鸡鸡。在这个孩子身上，我们可以发现，隐藏在其遗尿症状背后的，实际上既有被触摸和触摸自己的心理冲突，同时还有阉割焦虑。我要讲的另一个孩子年龄稍微小一些（3岁），他自从发现阴茎勃起的时候自己很难顺利排尿之后，晚上尿床的频率就增大了。到了早上和晚上，小家伙经常情绪激动地跑进厨房里告诉妈妈说"小鸡鸡站得这么直"，所以他没有办法尿尿了。父母和姐姐都没有正面回答过孩子的问题，他们总是一边笑，一边跟他开玩笑。所以到了夜里，小家伙终于能顺畅地排空自己的膀胱了，而且也不用操心身体上那个不受控制的神奇部位了，所以

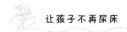

就尿床了。

最后，我想强调一下两位作者在这本书中所提到的针对遗尿问题的多种解读方法，我觉得从这些不同的视角我们可以看出，孩子戒除尿布的过程，就跟断奶、戒奶嘴一样都是很艰难的，这些困难也很明确地向我们展示了对孩子来说长大是一件多么不容易的事情，他们要成长，要舍弃小时候所享有的照顾以及由此而带来的身体上的愉悦，还要掌握各个发育阶段的各种必要技能。

帕米拉·佩斯 (Pamela Pace)

目　录

第六章

介于健康和病症之间的情况：心理学干预 / 89

第七章

家庭心理援助 / 109

结语 / 136

参考书目 / 141

第一章

儿童的成长过程

为了更全面、更准确地看待和理解儿童尿床的问题，我们认为应该将儿科学的视角和心理学的视角结合起来，从这两方面入手，同时参照儿童成长发育的总体规律，从而找到一种更简单易懂的方式。

　　儿科医生不仅要接待小病号们、听他们讲话、给他们检查身体，同时还要仔细研究孩子的家庭环境、校园环境和社会环境，综合考虑各个因素之后，才能做出回答，给出适合于当下情况的解决方案。因此，"医生，我的孩子总尿床，我该怎么办呢？"这个问题的答案肯定不是唯一的，儿科医生只有在全面地了解具体情况之后，与孩子的家人齐心协力，才能帮助小家伙和谐健康地成长。

现在我们或许能够明白为什么"既往病史"对儿科医生来说如此重要了，他们必须得仔细回顾整个家庭的历史、妈妈怀孕期间的状况以及孩子出生时的情况。因为只有这样，他们才能准确地回答将来可能会出现的问题，满足日后家人或孩子的请求。比如，如果妈妈怀孕过程或生产过程不顺利，那么医生就要注意多给妈妈一些信心，让她相信自己的能力，缓解她的焦虑，抚慰她的心灵创伤，帮助她认识到生育这件事的"神奇"之处。如果日后这个婴儿总是啼哭或者睡眠状况不好，这位医生要做的是避免一上来就从病理学的角度去寻找原因，或者通过药物来治疗。这时候更重要的，其实是提高孩子父母的重视程度，引导他们正确地看待和理解孩子的行为所反映出的问题，从而正确地解决问题。接下来我们会看到，由于每个孩子自身状况和家庭背景的不同，他们在戒纸尿裤或改掉尿床习惯的过程中所面对的情况也千差万别。

儿科医生的角色

儿科诊所对孩子和父母来说无疑具有非常特别的意义，这里是他们寻求帮助的第一站，在这里，他们对儿童成长的不同阶段有了更准确的理解。儿科医生实际上是一个很特殊的角色，因为他可以从孩子一出生开始，跟进小家伙们的整个成长过程。因此，在孩子的身心发育过程中，儿科医生能全面地了解孩子，而不是单纯地针对某一个器官或某一个系统，他们能将孩子作为一个完整的个体来看待，为孩子制定基本的预防措施以及干预手段。

这种治疗方法，要求医生和孩子之间保持联系，不断互相交流、增进了解，这不仅需要充足的时间，还必定需要投入大量的精力。儿科医生熟悉儿童所生活的社会背景，能敏锐地察觉出哪些因素会限制或威胁孩子身心的健康成长。

通过不断地互相交流、增进了解，再加上家长的积极配合，儿科医生就能够为孩子量身定制出一套健康预防指导方案，这里的"健康"当然不仅仅限于身体层面的健康。

医生"照顾"病人的意义首先正是体现在这里，他们不仅仅要帮助病人去除某种症状或某个疾病，更要以为病人着想为己任，切身理解这种症状对孩子、对孩子的家人造成的困扰。儿科医生在解答问题时，能够周全地考虑到每个人的需求，做出比较全面的回答，这对于建立良好的"医生—病人—家属"关系是至关重要的。这是一种长期性的艰巨挑战。

这种治疗方式当然需要投入大量的时间和资源，但是我们认为，从长远的角度来看，这将会给我们的下一代提供一种极为有效的防治措施，而且还能节省医疗开支。儿科医生在给孩子看病的时候，如果能多一些心理因素的考量，不要不管孩子的症状怎样都马上采取药物治疗，就能让孩子避免不必要的仪器诊断、化验和住院治疗，有效减少孩子和家属的焦虑和痛苦。因此，儿科医生应具有高度的责任感，对小病号家人的担心感同身受，耐心倾听他们的需求，不要推卸责任，每次病号一来，就马上打发他们去其他专业医疗科室做各种检查。

但是有的时候，儿科医生们可能会发现他们对某些孩子的症状完全无计可施，这些表现超出了医生的能力范围或者说是医学的范围，这时，推荐家属们带小家伙去看心理医生或心理分析治疗师就比较恰当，因为他们能帮助分析导致孩子产生这些异常表现的情感原因。儿童的行为动作通常是他们与成人进行沟通的一种重要手段，尤其是当小家伙们面临某种困境的时候。这是因为年幼的儿童语言能力还不够强，他们只能借助身体来表达他们在生活中想要表达的东西。因此，帮助父母"破译"孩子通过行为所传达的信息，可以有效地帮助孩子克服他们所面临的困难，一旦这些困扰孩子的难题得到了解决，由此引起的症状也就会随之消失。

总而言之，孩子的行为是孩子人格的外在体现，我们不能总想着要教育和规范他们的行为，还需要仔细观察、正确理解这些行为。

性心理发展阶段

法国著名心理分析学家弗朗索瓦兹·多尔多（Francoise Dolto，1946—1988）曾说过，儿童是非常不同于成人的生物，他们在成长为独立个体的过程中，必须要历经千锤百炼，有时候这些磨难对他们来说简直无法忍受、难以跨越。因此，我们在看待儿童的问题时，需要换一个新的视角，不要总是从监护人的角度去考虑，而是站到孩子的立场，想一想孩子的感受。这样一来，所谓的"儿童的问题"指的就不再是父母在孩子的成长过程中所遇到的麻烦，而是小家伙们在长大的艰辛征程中所经历的一次次磨难。

心理分析学之父西格蒙特·弗洛伊德（Sigmund Freud）认为，人类的成长过程是受心理能量驱动的，我们的心理能量依据其特定的机制促使我们成才变化。根据弗洛伊德的理论，儿童的成长，也即个体的成长，会经过五个"性心理"（"性心理"这一概念是弗洛伊德于1914年提出的）发展阶段，这五个阶段的划分主要依据两方面的特征：一是儿童在不同的阶段对身体的某一个特定部位表现出尤为浓厚的兴趣，并且将这一部位作为快感的主要来源；二是在不同的年龄段，儿童内心的需求和主要矛盾也会发生变化。在弗洛伊德看来，在每一个阶段，孩子和照顾自己的人之间都会存在某些潜在的矛盾，家长和孩子应对和解决这些矛盾的方式，将会决定孩子的人格结构。也就是说，从前一个发育阶段过渡到后一个阶段时，前一个阶段总会留下一些痕迹和标志，这些遗留下来的东西恰恰成了下一个新阶段的基础，这正是个人成长的过程和社会生活的要求产生冲突、互相较量的结果。

弗洛伊德思想的"革命性"

弗洛伊德在其理论中指出，儿童也是有性生活的，这一点正是其理论最具革命性的意义。他认为，儿童的性意识早在青春期之前就已经萌生了，这种性意识非常独特，而且与儿童的身心发育密切相关。但是这里我们首先要强调一点，弗洛伊德赋予"性"这个词的含义，并不同于我们平时所说"性"。弗洛伊德认为，"性"与个体内心的能量有关，这种能量来自人最原始的需求，而这些能量的目的，就是促使人去满足自己的需求和欲望，从而获得快感。弗洛伊德从分析这一快感机制入手，指出儿童也同样会通过刺激身体上的不同部位，主动去寻求快感，因此，"性"也是儿童生活中必不可少的重要组成部分。

口欲期

婴儿从一出生开始，就进入了性心理发展的第一个阶段，弗洛伊德将其定义为"口欲期"（0~18个月），这一阶段也正是哺乳时期，在这一时期，口腔是婴儿获取快感的主要途径。儿童通过吮吸母亲的乳汁获得生长所需的营养，因此，嘴巴这个部位有着非同寻常的意义，它是将孩子和母亲联系起来的纽带。我们看到这个时期的儿童拿到任何东西都喜欢往嘴里塞，这种习惯表明，用口腔来感知一切，正是这一阶段小家伙们探索世界的主要途径。

肛门期

口欲期过后，孩子就进入了所谓的"肛门期"，大概从第

18 个月开始，到第 36 个月为止。鉴于这个阶段与本书的主题关系密切，我们将用更多的篇幅着重讲解。进入这一阶段后，孩子将会逐渐学会如何控制括约肌，家长也会教育宝宝注意个人卫生，伴随着这些变化，孩子的兴趣将会从口腔逐渐转移到肛门部位。事实上，控制排便和排出粪便的过程，正是这个年龄的儿童获取快感的主要途径，而且这个过程对儿童和母亲之间的关系也有不同程度的影响。宝宝在接受卫生护理时会获得快感（比如洗屁股、洗澡或涂身体乳时），同时，妈妈对待宝宝身体的态度，会深刻地影响到日后孩子将如何看待自己的身体，以及跟自己的肉体将会建立怎样的关系。从这个时期开始，孩子将会对自己的排泄物产生越来越浓厚的兴趣，这对成年人来说很难理解，但是孩子会觉得这些排泄物是自己亲自创造出来的作品，有着非常重要的价值。因此，孩子不仅不会觉得自己的粪便恶心，还会想要近距离地仔细观察研究一番，如果父母允许的话，他们甚至会用手摸摸看，因为对孩子来说眼前的这些便便代表的可是他们的私人财产，它们像战利品一样珍贵，值得向别人炫耀一番或者好好地收藏起来。

人体对括约肌的控制能力并不是与生俱来的，而是从一周岁开始逐渐习得的。这一过程既与生理因素有关，也受环境的影响，因此每个孩子的情况都各有不同，我们很难找到一个统一的标准。要学会控制括约肌，首先孩子的神经系统必须达到一定的成熟度，比如，孩子要知道身体传来的信号代表着什么生理需求，并且控制得住自己的身体，还要会用语言表达出来。能说出自己的生理需求，是学会使用便盆和卫生间的第一步。瑞士心理学家让·皮亚杰（Jean Piaget）认为，每个个体在成长过程中，都有不断调整自己的行为、使其与环境相适应的倾向，这不仅仅是基因决定的，还与社会工具的使用密切相关，通过使用社会中普遍使用、传播和学习的工具，个体才能逐渐融入社会，其中最重要的一种工具就是语言。（皮亚杰，1967年）。

　　但是社会在帮助个人实现成长和进化的同时，也给个人带来了约束，因为任何一个文明社会都要求个人必须能够控制自己的生理需求，虽然不同地方所倡导的具体方式和时间有所不同。比如西方社会的典型特征就是特别强调个体的自我控制能力，比起其他文化背景中的孩子，西方的儿童必须提早很多学会控制自己的各种生理需求，其中学会控制排便的压力，往往成为很多孩子焦虑的根源。对小家伙们来说，控制括约肌可不仅仅是一种单纯的对生理需求的控制，其心理层面的意义要重要得多。至于要经过多长时间的训练才能获得控制排便能力，这不仅跟孩子的感知和运动能力有关，还取决于孩子的心理情感因素，即孩子是怎么看待这件事的，在成长过程中赋予了这件事什么样的特殊意义。

在"肛门期"，孩子和负责照看自己的成人之间的关系非常重要，因为这对小家伙来说是一个重新定义一切的颠覆性的时期，孩子不仅要重新审视自己，对于陪伴在自己身边的成年人与自己的关系也会有一个全新的认识。对刚出生几个月的婴儿来说，自己和周围的世界是完全融为一体的，因为他们对内外的界限还没有概念，还不能分辨哪些东西是属于自己身体内的、哪些是身体之外的。但是很快小家伙就会开始体验到不同的感受，他们既会感觉到由生理需求而引起的不适（首先是饥饿），也会感觉到这些需求得到满足时所带来的快感。在这之后，婴儿就会开始主动寻求快感，努力把好的东西收为己有，把坏的东西排除在外。在这个过程之中，自己和外部世界的界限也就变得清晰了，这正是儿童完成自我认知这一重要心理过程的基础。离开妈妈的怀抱首先意味着小家伙会开始明白，自己所获取的一切，都是来自另一个人的，这个人跟自己不是一体的，是在自己之外的另一个个体。认识到自身的存在，意识到自己是一个独立自主的个体，这是一个漫长而艰难的过程，在这个过程中，个体需要掌握各种社会能力，从而学会约束自己的身体，有效地管理好身体机能。

控制括约肌，指的就是排泄粪便和阻止粪便排出的过程。从心理学的角度来说，这两个过程分别对应着日常生活中的两种社会行为，即"克制保留"或者"放任自流"。弗洛伊德在其理论中假定儿童对粪便的反应和儿童对待照顾自己的人的态度（给予和索取）之间存在象征性的对应关系。"克制"和"放任"是肛门期最具代表性的两种基本反应，正是经由对这两种动作的体验，儿童对自己和外部世界之间的边界才得以有一个更成熟的认识，而且其自主性也大大提高，由此逐渐走出与母亲的"共生关系"，不再与母亲寸步不离。

在肛门期，儿童开始对"主动"与"被动"这两个对立概念有了一定的认识，他们意识到自己不再是"被照顾的对象"，而是具备给予能力和索取能力的主体。不论是在给予还是索取时，孩子都会既有一定程度的快感，又有一定程度的失落，这两种情感正是社会关系的基础。以括约肌的控制为例，排泄粪便的过程本身是有快感的，但是往往又伴随着恐惧和一种若有所失的失落之感，这会让小家伙感到无所适从，影响他成长发

让孩子不再尿床

育的进程。

> ### 适应群体生活
>
> 儿童的成长过程中总会伴随着来自成年人的教育，在这个过程中，父母的要求和禁令会逐渐内化为孩子内心的道德标准，其中也包括有关个人卫生方面的标准。因此，我们可以说，对于大小便的控制代表着儿童适应群体生活的过程中所做出的第一个牺牲，父母和社会的要求迫使小家伙们必须得有自我控制能力。排出这些自己身体内产生的废物，或者憋住不排出，这不仅是一种能给孩子带来满足感和成就感的方式，还是一种和所生活的环境互动的手段。

这些复杂的体验又会促使孩子在成长的道路上迈进一大步，因为他们会发现，个体存在于这个世界上，并不能纯粹地追求个人需求的满足，也就是说并不是只有快乐，还会有沮丧，有退让，有苦难。心理分析学中认为，儿童在成长过程中会逐渐意识到除了自己之外还有其他人的存在，其他人也有他们的需要和要求，自己必须要考虑到这一点。弗洛伊德认为人格结构由"自我""本我"和"超我"构成，"自我"代表的是个体的人格中较为理性的一面，其形成的根源正是日常生活中所经历的挫折，比如断奶过程、被家长训练学会控制括约肌的过程，通过这些体验，孩子领会到了社会生活给个人施加的限制。他们学会了妥协，明白了个人的欲望并不总是能够马上得到满足，要先忍耐，然后采取更符合现实要求的、更恰当的方式去满足自己的需求和欲望。这种道德感主要来自教育和人的良知，弗洛伊德将其定义为"超我"。从4~5岁开始，"超我"将指导孩子学会区分是非，按照父母和周围其他成年人所提出的道德规范来约束自己的行为。

从这方面来看，很显然，在教育孩子的过程中，孩子和带孩子的成年人之间的关系对孩子的自我身份的认同和人格的构筑起着至关重要的作用。父母最好做好准备，孩子很有可能会变得越来越喜欢违抗大人的意愿，因为小家伙正在争取自由和自主的权利，在努力地展现自我。

这时候大人最好的做法是成为让孩子安心的向导，在孩子的成长过程中给予他们支持，让他们感觉到，无论发生什么事，父母对他们的爱永远都不会减少一分。

作为母亲，一定要培养孩子对这个世界的信心，让孩子能够大胆地离开妈妈的怀抱，踏上属于自己的征程，变得越来越独立。但是这也意味着大人要学会给孩子设立界限，学会对孩子说"不"，这种围绕退让和禁令而展开的训练是很艰难的，但是却可以帮助孩子成长。依赖心理和对自由的追求是两股相反的力量，两者纠缠、撕扯，往往让孩子无所适从，这时父母给孩子设立的规则和界限反而起到一定的指导作用，帮助孩子找到方向。从认知发展的角度来说，给个体所在的外部世界设立边界，能为个体实现接下来的重大发展（学习和社交）奠定基础。

> ### 成长与社会
>
> 社会心理学理论认为，儿童的整个成长过程都伴随着个人需求与社会文化需求之间的矛盾。社会生活是由不同社会角色、游戏和挑战构成的，这使得孩子向社会靠拢、融入社会的能力会变得越来越强，越来越能适应现实生活，在处理个人和外部世界的问题时变得越来越有责任感。长大，意味着逐渐承担起越来越多的社会责任，从而融入社会，融入群体生活。

在这个过程中，父亲的角色尤为重要，因为母亲和孩子之间的关系是以"融合"为特征的，两者几乎合二为一，而父亲是一个独立于"母子"二元体系之外的一个人物，他逐渐介入母亲和孩子之间，能打破这种融合的状态。作为父亲，一定要积极地给孩子立规矩，维护家庭秩序，让孩子有界限意识，同时也要积极地帮助孩子摆脱对母亲的依赖，顺畅地完成和母亲的"分离"。

要注意的是，父母的态度太过宽容或太过强硬都是不合适的，比如有的父母会拿自己原生家庭中的那一套严苛的教育理论来要求孩子，或者生搬硬套书本中理论，不结合自己的实际情况。这种做法不仅无法给孩子提供任何支持和帮助，反而有可能会扰乱孩子成长的正常步调。当孩子在成长的道路上取得"成就"时，家长所做出的反应对小家伙的影响非常之大，以至于其自尊心、自信心以及独立能力的发展都会与家长的评价相一致。1岁到3岁之间，由于运动能力逐渐增强，小家伙逐渐地能够独立去完成一些事情了，但是在这个过程中他们难免会失败。面对失败的体验，他们有时会感到很难为情或者对自己产生怀疑，因此父母一定要注意必须遵循孩子成长的步调，他们对独立的追求是自发的，父母只需要"顺水推舟"，不应该过于急切地催促或逼迫他们，否则对小家伙们来说成长的过程就会变得充满挫败感。在这个

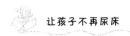

阶段儿童的"自我"还没有完全定型，还非常脆弱，父母要包容和接纳他们，才能帮助他们度过艰难的自我身份认同的时期。

性器期

3至6周岁期间，儿童会进入一个新的发展阶段，弗洛伊德称之为"性器期"。在这个阶段，儿童会发现人是有两种性别的，因此对其人格发展来说非常关键。我们会发现进入这个时期之后，孩子的兴趣会转移到生殖器区域，虽然在同一时期孩子的"超我"也开始发展形成，但是即便是在"超我"的监管之下，小家伙们仍然表现得像小"暴露狂"一样嚣张。通过刺激性器官而获得的快感，以及对不同性别的身体差异的浓厚兴趣，指引着小家伙们逐渐对自己的性别身份有了清晰的认知，与此同时，他们会将父母中与自己性别相同的一方作为榜样，去认同和吸收他／她与性别相关的道德观念。

潜伏期

6岁以后，孩子则进入了所谓的"潜伏期"，其时间跨度非常之大，会一直持续到青春期，在这个阶段，孩子的兴趣比较发散，因此他们会去尝试不同的事物。弗洛伊德认为，这个阶段的作用正是增加儿童社交的机会，让他们跟同性别的孩子去交朋友。游戏是这个年龄阶段孩子的特权，通过游戏，他们的多种能力都会得到锻炼，同时，他们也开始上学了，校园生活会至少陪伴他们到青春期，在学校中，他们的能力又得到了进一步的加强。经过这个时期，儿童的自尊心将会更强，而且能考虑到社会环境给个人提出的要求和禁令，清楚地知道无视社会规则鲁莽行事将会受挫，因此在面对事情时的把控能力将有所提高。

生殖期

经过 5~6 年的潜伏期之后，个体将进入最后一个性心理发展阶段，潜伏期呈现"休眠"状态的冲动会在这一时期活跃起来，弗洛伊德称之为"生殖期"。这个阶段的典型特征是个体开始有了成熟的性兴趣，它从青春期开始，伴随我们的生理和心理的达到完全成熟的状态，并将一直存在于我们的整个成年时期。

需要特别强调的是，在这个漫长而复杂的成长过程中，出生后头几年的幼年生活对儿童日后的成长发育有着非常重大的影响，因此，儿科医生应该注重研究和追溯"病号"童年时期所经历的意义重大的事件，询问和搜集小时候发生在孩子身上和发生在家庭中的故事，这是非常重要的。

第二章

控制括约肌：戒除纸尿裤

教孩子学会上洗手间或使用儿童便盆，是意义最重大的教育行为之一，因为从心理学和关系学的角度来说，这件事本身包含非常复杂的问题。对括约肌的控制，不仅是一种在身体长大成熟的过程中逐渐获得的生理机能，还是一种对社会生活来说必不可少的重要突破；如果获得这种控制能力的时间稍有推迟，孩子和父母往往就会因此而感到非常尴尬。

不要焦虑：孩子控制排泄的能力有早有晚

很多孩子在 2~3 周岁之后就能学会控制排泄的时机，也有一小部分孩子在 3~4 周岁才获得这种能力。因此，到 5 岁的时候，孩子基本上就能把控自己身体上的生理需求，可以自己完成比如脱裤子、洗手、穿衣服等这一系列的过程了。但是我们要注意，每个孩子都有自己的节奏，他们习得这些能力所需要的时间也有所区别，所以我们上面所提到的时间点未必就是一成不变的。比如对括约肌的控制能力，每个孩子的特点和主观节奏不同，他们掌握这项"技能"的年龄也随之表现出比较大的差别。有的宝宝可能很早就能把控自己的排泄时机了，有的则有些滞后，需要一个相对漫长的过程。在这个过程中，大人最好不要给孩子过度施加压力，否则只会促使孩子产生焦虑的情绪以及／或者感觉自己没有满足父母的期望，从而感到很失落。父母如果采取这种催促孩子的做法，不论是以直接的方式还是间接的方式，很可能没有充分地考虑到孩子的节奏、个体特征以及／或者身体的成熟程度。人体对括约肌的主动控制是由锥体束（皮质脊髓束）调控的，如果在孩子的这一神经系统还没发育完全的时候，就催促孩子摘掉纸尿裤，这对孩子来说是一个过于艰巨的任务，他们没有别的办法，只能完全依赖妈妈。所以这种做法的目的本来是促使孩子变得更独立、自主性更强，结果却适得其反，反而让孩子更加依赖妈妈了。

"卫生间里的仪式"

儿童心理治疗师詹姆斯·安东尼（James Anthony）在描述儿童如何艰难地努力学会"卫生间里的仪式"时，生动地讲述了小朋友在一天之中必须要面对的与上厕所有关的事情，首先他们要学会辨认身体所发出的信号，知道这些信号代表着什么样的生理需求；然后马上抑制住想要立刻排泄的欲望，放下手中正在做的事情，无论是多有意思的事都要停下来，去找一个能够放心地脱下衣服、解决生理需求的相对比较私密的地方。这还不够，结束之后，小家伙们还必须得进行一系列程序来保证个人卫生，还要冲马桶，然后再重新穿好衣服，这才算是完事（詹姆斯·安东尼，1957 年）。现在你们大概能理解孩子适应这些"仪式"的难度有多大、要有多强的耐力了吧！

教孩子使用便盆和马桶

所谓的"便盆教育"，意思就是家长在教会孩子如何控制括约肌，然后学会摆脱纸尿裤，使用其他工具（先是儿童便盆，然后是洗手间）来解决自己的生理需求时所遵循的一系列步骤。对儿童来说，仿佛是从某一个时间点开始，周围的成年人对他们就多了一些要求，小家伙们必须得十分小心地对待身体内部传来的某些特殊信号，学会独立地正确处理这些信号，从而满足爸爸和妈妈的期望。

虽然听起来好像有些奇怪，但是这一卫生流程对小家伙们来说真的不是一件容易的事，因为他们还没有任何经验，完成这些动作所需要的很多技能他们之前还闻所未闻。

在引导孩子使用儿童便盆的过程中，家长要非常注意，要很有耐心，同时对孩子要有同情心，从而避免跟孩子产生冲突或耗时耗力的"战争"，这些消极的关系不仅有可能会推迟孩子摆脱纸尿裤的时间，甚至还有可能影响到孩子生活的其他方面，比如吃饭。孩子在排便训练的过程中所面临的是两种相反的冲动，一种是保留属于自己身体的某些东西的冲动，另一种则是排出这些东西的冲动。这就像是在与他人的关系中所采取的两种态度，即是欣然给予或接纳，又是排斥和拒绝。

父母的自恋情结

弗洛伊德在其很多的著作中都曾强调过，孩子的诞生基本上总会促使父母产生自恋情结，表现就是他们会期待孩子成为让父母感到满意的完美小孩的模样（弗洛伊德，1914年）。

希望自己的孩子提早学会控制括约肌、控制排便，展现出充足的自主性，带给父母成就感，这正是一种希望让自己孩子变得完美、实现父母所有的期许和愿望的倾向。然而，认识和接受宝宝真正的样子，才是跟孩子建立起真实关系的唯一方式，虽然这意味着父母必须得减少一些这类自恋性质的期望。

引导孩子使用便盆的过程应该是循序渐进的，态度不能过于强硬，也不能有任何强迫的意味，从而避免给孩子留下心理阴影，因为如果在这个年龄段对粪便产生了某种执念或恐惧心理，可能很长一段时间都会对孩子自我发展的诸多方面都造成消极影响。

弗朗索瓦兹·多尔多（Françoise Dolto）提醒我们，在抚养孩子长大的过程中，一定要注意不能把"教育"变成"训练"，因为后者更适合用在动物身上，而不是人类（多尔多，1988年）。有时候我们可能会忘记，虽然孩子在很长一段时间内是依赖大人的，但是他们并不是"被操控的对象"，而是正在长大的小人儿，等到具备了所有必要的"工具"，他们就会变成能掌控自己身体的独立个体。忽略儿童本身的个性，生搬硬套教育领域的理论教条（往往是有待商议的），会面临很大的风险，很可能会给亲子关系造成消极影响。

一味地遵循育儿手册中的规则或者听从老一辈的建议，并不见得是明智的做法。过去的某些育儿书中会建议妈妈们生完小孩回到家中以后，每次给婴儿喂奶的时候，就要试着把婴儿放到便盆上去，好让小家伙逐渐适应使用便盆的感觉，这种建议简直荒谬，由此可见书本并不是一定可靠的。

每个宝宝都是特殊的、独一无二的，妈妈们要对自己有信心才行，要相信依靠自己的能力和直觉，肯定能找到适合自己孩子的方法。无论外界给出的策略如何，宝宝在成长道路上的每一次进步，都应该是建立在孩子和母亲的内在关系的基础上的。当时机成熟的时候，细心的母亲肯定能意识到的，她们能感觉到自己的孩子，比如当小家伙已经能做到连续好几个小时保持纸尿裤干爽了，当尿布湿了的时候能主动跟妈妈要求换纸尿裤，而且开始对儿童便盆或大人用的坐便器表现出兴趣了，这往往说明宝宝已经准备好迎接新的阶段了。

在宝宝还很小的时候，过分讲究举止得当、习惯良好，有时反而会让宝宝更加困惑。比如父母在应对孩子的生理需求时，态度就常常含混不清。我们可以站在孩子的角度想象一下：当小家伙在不恰当的时间或场合拉了便便时，父母看起来好像很厌烦、很尴尬，但是同时，从宝宝一出生开始，爸爸和妈妈就会非常留意宝宝的肠道功能，他们尤其关注宝宝大便的颜色和质感，因为这可是非常重要的健康指标。所以宝宝有时候会感觉这种生理需求好像是非常值得骄傲的事情，但是有的时候这些需求又会给小家伙们招来麻烦，成为他们担心和焦虑的来源，他们因此而感到困惑，感到无所适从。

过去的习惯及其原因分析

在过去的几百年中，西方世界逐渐形成了提早让孩子戒掉尿布的风气，造成这种现象的原因非常复杂，弗朗索瓦兹·多尔多认为，其中最为重要的一个原因是当时在富裕家庭中照顾小孩的保姆的懒惰，她们为了能避免一直有洗不完的尿布，于是尝试让小孩尽可能早地能生活自理。以前的时候，小孩在学会爬以前，都是被包裹在襁褓之中的，当他们学会爬以后，大人就会给他们套一件大上衣，下身则不穿衣服，所以小孩可以根据自己的需要随时大小便，而大人们则要负责打扫被弄脏的地面。随着时间的推移，尿布逐渐推广，尤其是在较为富裕的家庭，尿布的使用越来越普遍，但是这对保姆来说可不是件好事，因为这意味着她们必须得没完没了地去洗尿布。为了减少洗尿布的次数，她们每次给小孩喂奶之前和之后，都喜欢把小孩放到小盆上，希望小家伙能自己排便。

除了保姆的懒惰，当时妈妈们的担心也是人们提倡宝宝尽早摆脱尿布的原因之一。妈妈们害怕湿掉的尿布在宝宝身上戴很久，有可能会让小家伙着凉。在过去的几个世纪，儿童的死亡率的确非常之高，也难怪妈妈们会有这样的担心。但是可惜的是当时的妈妈们没有注意到，这种高死亡率其实并非单纯地由着凉感冒引起的，手部卫生、奶嘴卫生和玩具的卫生，以及给孩子吃的东西这些都是不容忽视的因素。那时候人们常常喂孩子吃一些很难消化的东西，当孩子排便出现问题的时候，他们却浑然不知这是平时不良的饮食习惯造成的。

妈妈们对宝宝健康状况的担心，还表现在她们会一直去查看孩子的排泄物。因此，使用便盆正好可以方便妈妈们做这样的检查，久而久之，便盆的使用就成了家长教育宝宝的内容之一。除此之外，如果自己家的宝宝很早就脱离纸尿裤学会使用便盆了，那这对妈妈来说可是一件无比自豪的事情，她们会骄傲地在别人面前夸耀自己的孩子能力有多么出众。综合考虑上述种种原因，相信现在你们已经能够理解为什么人们如此着急于让孩子尽可能早地戒除纸尿裤了。

现在有一些父母甚至想要直接把孩子放到马桶上，让他们一步到位，直接学会如何使用马桶大小便，从而节省时间，跳过学习使用儿童便盆的步骤。这种做法其实忽略了小家伙被放在马桶上时有多害怕，面对这样一个巨大的"黑洞"，他们会感觉自己简直快要被吞进去了，实在是恐怖得很。虽然他们会紧紧地抓住陪在身边的父母，从而减轻一点往下坠落的重量，但是有时候这种安全感还不够，他们依然会感到害怕。儿童便盆是一种很好的过渡工具，因为这类便盆形状活泼有趣，颜色鲜艳，尺寸也相对较小，因此会让孩子感觉比较安全，从而能自如地进行排便，避免受到其他恐惧的干扰。

几种帮孩子戒掉纸尿裤的方法

在这里我们力求简单的归纳出几种父母在帮孩子戒掉纸尿裤时最常采取的方法。有的妈妈相信辈辈流传的传统方法（比如提倡等到夏天的时候再教孩子使用马桶），有的妈妈则倾向于把这个问题留给托儿所或幼儿园的老师去解决。在美国，人们甚至会借用娃娃玩偶来引导孩子告别纸尿裤、学会使用坐便器，因为娃娃玩偶可以作为孩子模仿的对象，看着娃娃做出某种行为，孩子会跟着一起做，从而让戒除纸尿裤的过程更容易一些。

前面已经提到，每个孩子步入身心发展的各个重要阶段的时间是有差别的，我们需要学会尊重孩子的节奏，但是同时，父母还有一个重要的任务，那就是选择恰当的时机，提供一些可行的方法，帮助孩子跨越这些重要阶段，最终获得独立的能力。

具体到戒除纸尿裤这件事，对于一个健康的孩子来说，即孩子在两岁之前身心发育完全正常，已经顺利地度过了前几个重要阶段，那么当到了第24~36个月的时候，我们就可以考虑教他们使用儿童便盆了。之所以建议在这个时间段引导孩子使用便盆，还有一个原因就是可以为接下来去幼儿园做好准备。如果早于这个时间就急着让孩子戒掉纸尿裤，就很有可能会加大孩子完成这一过渡的难度，给孩子和父母双方都带来麻烦和挫败感。

如何帮助孩子学会控制大小便呢？方法其实有很多，但是我们认为其中最有效的是，在开始阶段先让孩子穿着纸尿裤，事先制定好时刻表，确定好一天中哪些时刻要带孩子去厕所，然后按照计划，不要让孩子告诉我们什么时候想上厕所，而是到了时间就带孩子去。这样做的目的是让孩子放松下来，因为有大人的提醒，小家伙们就不用时刻担心如何应对排便刺激了。

到时间的时候，我们要非常温柔地提醒孩子，引导孩子坐到儿童便盆上，如果孩子没有"尿意"，我们也不要强迫他们继续在便盆坐着。如果孩子主动要求试一试大人的厕所，我们当然可以满足他们的愿望，但是要注意帮孩子摆好姿势，确保安全和舒适：我们要在他们的小脚丫下面放上支撑物（我们排便时需要脚着地才能用上力，这是一种生理需求，孩子坐在大人用的坐便器上还够不着地，所以我们需要给他们提供一些支撑），在马桶圈上装上儿童专用的坐便（使马桶直径变小一些，防止孩子产生要掉进马桶洞里的感觉）。

我们建议，当孩子成功排出小便时，大人一定要表现出非常开心、非常满意的情绪，相反，当孩子没能排便时，我们千万不要生气或表现出失望。这时候应该安慰孩子，告诉小家伙，没关系，我们可以晚些时候再试试，然后给孩子重新穿上纸尿裤。当孩子能做到在两次使用便盆的间隔时间段内保持纸尿裤的干爽，我们就可以试着问问孩子，想不想脱掉纸尿裤，换上"跟大人一样的"棉质的内裤，一定要把握好这个时机，不要过于提前，因为如果孩子还没有"准备好"，很容易就会把裤子尿得一塌糊涂，这样只会让孩子觉得丢脸。在这个尝试阶段，我们建议晚上睡觉的时候仍然要给孩子穿着纸尿裤。

以上当然只是我们的建议，我们绝不可能制定出一个能普遍适用于所有孩子的标准，也绝对不会强迫各位爸爸妈妈采取与他们的教育理念和教育风格不同的模式。带领孩子告别纸尿裤的过程肯定是不容易的，这是一个非常艰巨的任务。我们毕竟不可能做到每次都准确地预测孩子排便的时间，也不可能拿着便盆跟在孩子屁股后面。如果我们坚持要这么做，要严密地盯着孩子，这对孩子和对我们来说都会是一种折磨。当孩子不想继续坐在儿童便盆上或坐便器上时，我们最好顺应他们的意愿，先让他们起来，过段时间（比如吃完饭后）再试试看。如果孩子的表现说明他们已经准备好"告别"纸尿裤了，我们就可以通过各种游戏和模仿的方式，引导孩子接近和熟悉便盆。比如，我们可以不让孩子脱裤子，就简单地在便盆上坐几分钟，或者通过把脏的纸尿裤扔进便盆来吸引孩子的注意力，开始让孩子逐渐了解便盆是做什么用的。当遇到瓶颈的时候，一味地采取强硬的方式逼迫孩子使用便盆，会让父母和孩子的关系更加紧张，孩子只会停滞不前，从而造成恶性循环。这时候家长应该暂时假装忽略孩子的消极表现，让孩子感觉爸爸妈妈没有因此而担心，这才是打破僵局的最好方式。

第三章

孩子这么大了还尿床

"我家宝宝还会尿床。"

"我家宝宝还尿裤子。"

"我家宝宝晚上睡觉还得穿着纸尿裤。"

"我家宝宝不想摘掉纸尿裤。"

这些话儿科医生再熟悉不过了，但是这也只是他们最常听到的句子中的一部分。事实上，五岁之后还在继续尿床的小朋友并不是个例，他们有的是无法把控自己的排泄需求，也有的本来已经学会了如何控制括约肌，但是过了一段时间又突然失去了这种控制能力。对于这些孩子，父母和老师需要多加注意，避免尿床问题给孩子和家庭造成更大的困扰。

正因如此，我们觉得有必要详细讲一讲有关儿童尿床的话题，特别是儿童遗尿症，帮助父母正确地理解相关术语的含义，对这个问题有一个清晰的认识。

关于"儿童遗尿症"

意大利语中，"遗尿"这个词写作"enuresi"，源自希腊语中的词语"enourèin"，意思就是"尿在了里面"，所以"enuresi"这个词的字面义就是"尿在自己身上"了，也就是指无法控制自己不尿床或不尿裤子。因此，从生理学的角度来说，所谓的遗尿症患者，也就是那些在错误的时间，完全排空自己的膀胱的人。

"遗尿"并没有一个具体的时间，因此，我们会发现有的孩子只有在夜里才会遗尿，有的孩子只在白天遗尿，也有的白天和晚上都会遗尿。

在大多数情况下，儿童遗尿的现象会发生在晚上，因此医学界会有"夜间遗尿症"这个称谓，指的是器官发育完全正常，且本来应该已经具备了自主控制括约肌的能力的儿童，在晚上睡觉的时候，经常性的、无意识的遗尿行为。

也有的孩子可能白天也没有办法控制自己排尿的时间，这种情况属于日间遗尿兼夜间遗尿或仅有日间遗尿，当然后面一种情况是比较少见的。

> ### 一次性纸尿裤出现之前和之后
>
> "尿布时代"到多大年龄时结束，根据地理位置的不同和社会经济背景的不同，会有很大的差别。比如在20世纪70年代以前，一次性的纸尿裤还没有出现，妈妈们必须得天天给孩子洗尿布和短裤，而且常常是用手洗，为了减少这种劳动，妈妈和奶奶们就尽早让孩子戒掉尿布，一般在12~18个月的时候，她们就会引导孩子使用便盆，让他们学会自己排便。但是之后一次性纸尿裤的出现，使得儿童学会用便盆的时间越来越滞后了。

"遗尿"和"尿失禁"（比如尿液持续不断地滴出）完全是两回事，我们一定要分清，尿失禁虽然也表现为尿液从膀胱的非正常排出，但是它是病理性的，是由排尿机制或神经系统异常（有可能是过度兴奋，也有可能是反应不够灵敏）引起的，比如尿道畸形或膀胱神经的异常。

因此，遗尿是一个完整的正常排尿过程（即不表现为滴尿或其他非正常形式），只不过是非自主的、无意识的，即排尿者没有意识到自己有排尿的感觉。至于什么情况下应该将"遗尿"看作是一种排泄功能的障碍，我们首先要看遗尿者的年龄，因为如果宝宝的年龄很小，遗尿是非常正常的生理现象，根本谈不上是"障碍"或"病症"。

那么孩子到什么年龄的时候仍在尿床，我们可以称之为"遗尿症"呢？

很多作者指出，只有当孩子到了 4 岁甚至 5 岁之后仍无法有效地控制自己排尿的时机，才能称得上是"遗尿症"，因为在这个年龄之前，儿童可能时常尿床或尿裤子都是很正常的现象。毫无疑问的是，我们整个人类社会都普遍可以接受吃奶的婴儿日日夜夜地尿床，但是到了一定的年龄之后，如果还继续随时随地排泄，那就不太恰当了，这种意识在不同的社会环境和家庭环境中都是存在的。因此，3 岁之前孩子尿床肯定是正常的生理现象，但是随着时间的推移，尤其是到了 5 岁之后，如果孩子仍继续尿床，我们建议家长就应该关注一下这个问题了，要试着从生理、心理和环境角度寻找一下造成这种现象的原因。

所以说，在判断孩子是不是"遗尿症"之前，年龄是首先要参照的因素，我们必须得先看一下孩子的年龄是否已经达到了 4~5 岁，低于这个年龄的孩子根本不在考虑范围之内。

此外我们还要注意，遗尿时孩子会将膀胱中的尿液全部排出，就像正常的排尿一样，这个过程的机制完全是生理性的，因此，"遗尿"这个词本身并没有告诉我们产生这种现象的原因（即病态生理学机制）、频率或严重性。那有些儿童为什么会出现遗尿症呢？

> 📋 **遗尿问题的发生率**
>
> 遗尿通常都发生在孩子进入睡眠状态时（夜间遗尿），在所有 4 岁以下的儿童中，有 15% 的小男孩和 10% 的小女孩都会遗尿。4 岁以后，这个比例每年都会自发地下降。我们可以看出，在童年阶段，遗尿问题的发生率还是相当高的，因此我们在讨论这个问题时，应该避免使用"疾病"或"病态"这类的词汇来描述遗尿现象。

我们首先要知道，在童年阶段，遗尿问题出现的概率是很高的，因此我们必须要重新思考一下到底应该如何看待这个问题，大多数情况下，如果我们的孩子还在尿床，很有可能小家伙只不过是节奏稍微慢了一点而已，他们还需要一点时间才能养成不尿床的习惯。

一般来说，如果家长发现孩子持续尿床有一段时间了，他们不明白是怎么回事，也不知道该如何帮助孩子，这时候很多人都会去联系他们信得过的儿科医生，儿科医生往往会建议家长带宝宝去做个检查，看看是否有下泌尿道感染或神经肌肉发育迟缓等这类身体上的并发症。

但是只有 1%~2% 的遗尿案例是由身体器官异常引起的。绝大多数情况下，孩子出现遗尿症状只是发育的问题，比如身体发育成熟得比较晚，这种问题随着时间的推移自然可以得到解决。我们知道，儿童成长过程中所出现的任何问题一般来说都是由多方面的原因引起的，仅仅某个孤立的原因是不足以造成某种问题出现的。这意味着遗尿问题也是由多种因素共同造成的，在不同的案例中，各类因素的作用方式可能有所不同。

研究表明，可能引起儿童遗尿症的原因，一方面包括家庭因素和遗传因素，另一方面包括膀胱功能及机体协调能力的变化，还有一些与尿量增加（多尿症）或者由多种原因引起的睡眠觉醒功能障碍等相关的其他因素。

不论在什么情况下，正确地评估症状永远都是采取有效治疗手段的前提。医生如果能全面地分析孩子的情况，满足父母的预期，同时消除父母和孩子的顾虑，那么这个步骤本身就已经在发挥治疗病症的效果了。当家长们先带孩子去了其他专科门诊那里，发现治疗效果不佳，然后又转到儿科医生的这边寻求帮助时，他们往往充满了负罪感，内心感到非常不安，此时，如果儿科医生能告诉他们造成夜间遗尿的因素是多方面的，而且这种问题在儿童群体中出现的概率是很高的，将会让父母感到非常安心，起到很好的心理安慰效果。

遗尿症的不同表现形式

　　了解遗尿症的不同表现形式是非常重要的，这些不同的表现形式告诉我们，家长有必要仔细搜集孩子的既往病史资料，还要持续不断地监控孩子遗尿问题的具体情况。

原发性遗尿症和继发性遗尿症

　　原发性遗尿症，或者说持续性遗尿症，指的是之前从来没有学会过控制排尿的孩子所表现出来的遗尿症状。

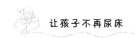

相反，当孩子之前已经学会了控制排尿，并且在多于 6 个月的时间段内一直都有这种能力，但是之后突然又无法控制排尿了（一般是在发生了某个重大事件或经历了一段压力较大的时期之后），这种情况我们称之为"继发性或退化性遗尿症"。

> 📋 **关于继发性遗尿症**
>
> 　　这种类型的遗尿症通常是跟某些意外的情况或问题联系在一起的，比如搬家、葬礼、弟弟妹妹的出生或家庭矛盾等。无论是哪种情况，一般来说如果孩子是继发性遗尿，说明之前所获得的控制排尿的技能掌握得还不牢靠，从而为出现能力退化现象创造了机会。继发性遗尿的儿童，有的已经复发过好多次了，是"复发遗尿者"，有的则是第一次出现控制排尿的能力突然丧失这种症状，属于"初发遗尿者"。随着儿童年龄的增长，继发性遗尿症的发生率通常会有所上升，在患有遗尿症的 12 岁儿童中，有 50% 都属于继发性遗尿症。

从心理学的角度来分析继发性遗尿症可以帮助我们更好地理解这一症状，比如，如果孩子每天晚上都尿床，这表明孩子可能在适应成长所带来的变化方面遇到了困难，或者是孩子正在经历某些对他来说压力太大的事情。孩子可能看起来在其他方面都没有任何问题或困难，唯独只有遗尿这一种症状。

　　然而，对于患有继发性遗尿症的孩子，如果仔细研究以下他们的成长历史，我们会发现其中有很多孩子在当初戒除纸尿裤时和养成个人卫生习惯的过程中曾经遇到过困难。从一岁半到四岁是儿童学习控制基本生理需求的重要时期，因为这个年龄段的孩子已经具备了学习这些内容的身体条件。但是如果大人给孩子施加的压力过大，或者完全不给予孩子任何帮助或引导，很有可能会导致孩子无法完成这一重大的跨度，因为不管具体采取了什么样的教育方式，这种态度首先就会让孩子内心产生某种抗拒的情绪。

规律性遗尿和间歇性遗尿

　　我们还要区分孩子的遗尿是规律性的还是间歇性的。这两种情况下孩子的症状肯定是很不一样的。

　　如果是间歇性的遗尿，随着时间的推移，症状很可能就逐渐消失了，不需要进行任何特殊的干预。

 睡眠的深度对遗尿有影响吗？

为了探究不同的睡眠阶段跟非主动性遗尿之间是否有关

联，科研人员已经进行了无数的研究，但是直到最近才得出确定的结论，即夜间遗尿的发生是完全不受睡眠阶段影响的，孩子的睡眠深度和非自主排尿行为之间并没有什么关系。因此，通过提高睡眠质量来防止孩子尿床的治疗方法是没有科学道理的。

遗尿与性别

遗尿和不同性别有什么关系呢？一般来说，遗尿症在男性群体中更为常见，尤其是年龄较大的男性儿童。在 5 岁之前，遗尿症在男孩和女孩之中的表现并没有非常明显的差别。

遗尿症与生活背景

统计数据显示，在比较落后的经济社会环境中，遗尿问题更为常见，我们知道，这些落后地方的特征就是教育水平比较低。因此，遗尿症在受教育程度更低的儿童中出现的频率更高。但是与此同时我们发现遗尿症与家庭也有关系，因为有些家庭中好几代人都受到这个问题的困扰，这表明遗尿症有可能会由遗传因素引起。

概念总结

·遗尿症：年龄超过 4~5 岁的儿童无意识、非主动地排空膀胱的行为。

·根据遗尿症的不同表现形式，我们可将其分为：

—原发性或持续性遗尿症，指的是之前从来没有学会过控制排尿的孩子所表现出来的遗尿症状；

—继发性或退化性遗尿症，指的是孩子之前已经学会控制括约肌了，并且持续 6 个月以上，但是之后又失去了这种能力，再次出现遗尿的现象（一般来说是由让孩子感到压力过大的事件导致的）。

·根据孩子遗尿的时间，我们可将遗尿症分为：

—夜间遗尿症，即孩子会在夜晚睡觉时尿床；

—日间遗尿症，即孩子在白天期间遗尿。

·以上提到的所有名称都可以结合在一起，用来指称不同的症状：比如我们可以说"原发性夜间遗尿症"，或者"日间及夜间继发性遗尿症"。

遗尿症与睡眠障碍

在某些情况下，遗尿症状与睡眠障碍有关，其中包括梦游和噩梦。3~4 岁的儿童还不能清楚地区分想象和现实，因此，如果白天孩子看到了（可能是在电视上）恐怖的或暴力的故事，晚上就有可能会做非常吓人的噩梦，孩子会从梦中惊醒，情绪激动，而且清楚地记得梦中所有的细节。

儿童偶尔做噩梦当然是很正常的现象，父母只需要安慰一下孩子就可以了。

但是如果孩子经常做噩梦，或者做噩梦的同时还伴有夜间遗尿的现象，这种情况家长们就要引起足够的重视了，我们必须得仔细查看一下在孩子的生活环境中是否存在给孩子带来压力的事情。

梦游症则发生在深度睡眠阶段，指的是人在睡觉过程中突然"惊醒"，然后起身行走的现象，但是梦游者看起来并不是完全清醒的。

完美的父母是不存在的

一旦宝宝哪里出现了问题，最为自责的往往就是妈妈们。但是她们忘记了，其实世界上根本没有完美的父母，只有"合适的"父母，或者英国心理分析学家唐纳德·威尼科特（Donald Winnicott）所说的"足够好的"父母。只要能尽自己最大的努力，慷慨地去爱孩子，这样的父母就是"足够好"的（威尼科特，1955年）。父母没有义务要做到完美，父母的义务是给予孩子尽可能多的爱。一心要做一个完美的妈妈，很有可能会让亲子之间产生某种压力，如果妈妈一直要以完美的标准来矫正自己的行为，就像是在扮演一个完美的角色，这样就会失去跟自己的孩子建立起真实的关系的机会。

受到这一问题困扰的一般是 3~8 岁的男孩，他们有的一晚上会惊醒好多次，眼神黯淡而迷离。

有时候孩子从睡梦中醒来的时候会发生夜惊，表现为非常惊慌，并且大声哭闹，大人怎么安慰都没有用，这种场景会让父母很害怕，有时也感到非常无奈。

在这种迷迷糊糊、半睡半醒的情况下，孩子非常疲惫，很难控制好自己的排便需求，所以就有可能会尿床或尿裤子。

第二天早上醒来以后，孩子可能已经完全不记得前一天夜里发生的事情了，或者是只记得一部分，这更加大了父母了解孩子的情况、帮助孩子解决问题的难度。

为了给孩子创建一份准确的症状档案，更全面地了解孩子所面临的问题，父母可以注意观察孩子尿床的频率，记录好一个星期中或一个月中有几个晚上孩子会尿床，并且分析一下尿床的这些日子里发生了什么特殊的事情可能会跟尿床有一定关联，或者孩子是不是集中在一年中哪些特定的时期尿床。

比如有的孩子在自己家里睡觉的时候每天晚上都会尿床，但是在爷爷奶奶家睡时却很少或从来都不尿床。在这一案例中，我们很容易看出是什么变量引起了孩子的尿床，这种相关性是显而易见的，我们可以确定案例中的孩子在跟某些成人一起生活时肯定遇到了问题，尿床是孩子为应对这些问题而做出的一种无意识的反应。

少相信"使用手册"，多相信自己

早在 20 世纪 70 年代，威尼科特就曾预言过，出版市场上以"如何做父母"为主题的出版物琳琅满目，这会逐渐侵蚀爸爸妈妈们的安全感，让他们变得越来越软弱，越来越不相信自己（威尼科特，1958 年）。在这种背景下，父母开始倾向于把教育孩子的任务托付给他们认为在这方面比自己更有能力的人，这种做法造成的结果就是父母主观责任感的丧失。伟大的儿科专家马切洛·贝尔纳迪（Marcello Bernardi）曾说过，养育孩子不仅是一个"技术活儿"，更是一个关于理智的问题。

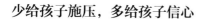

少给孩子施压，多给孩子信心

当父母去看儿科医生时，内心常常充满了恐惧和疑惑，但是促使他们来向儿科医生寻求帮助的原因，其实更多的是想从医生这里寻找信心，想肯定自己的能力，而不是单纯地想要了解关于孩子健康状况的信息。因此，儿科医生在接待家长时，一定要注意不能仅限于开个药方就打发他们离开，而是要给予孩子父母以情感上的支持。

意识到自己无论如何都是宝宝生命的中心，对宝宝的生存发挥着关键作用，这是爸爸妈妈义不容辞的责任。

我们仔细想想就会发现，父母对孩子的担心其实在孩子来到这个世界上以前就已经开始了。每个妈妈——尤其是怀第一胎的妈妈——在怀孕期间都会不断追问自己各种问题：自己将会成为一位怎样的妈妈，能不能担负起母亲的责任，怎么样才能在孩子出生的时候做好准备成为合格的妈妈。提出上面各种问题之后，妈妈还会去努力捕捉宝宝传达的所有信号，思考这些信号想要表达什么意思，这些行为促使年轻的母亲更加清楚地认识到宝宝应该如何养育。

每位父母都有一个最为重要的工具，即对自己的信心，要

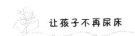

相信作为父母的本能，这种本能可以帮助孩子走出困境，而不会传达给他们不必要的焦虑和担心。

孩子的父母能对自己的孩子做出最精准的描述，这一点任何一个专家或任何一本工具书都比不了。对孩子来说，其他任何人都代替不了妈妈和爸爸的地位。这种信心能减轻父母的负罪感，让他们不那么沮丧，同时也可以增强孩子的安全感，小家伙在父母坚实的臂膀中会感到非常安心。

新手爸爸妈妈们往往会感到压力很大，因为他们不仅要考虑社会观念的要求，还要面对其他人的眼光和看法，有很多人都喜欢把自己养育孩子的经验当作典范，给别的父母提出各种建议，或指手画脚地对他人进行批判。

要做到不受外界声音的干扰，还需要一个漫长的历练过程。其实每个家庭都有自己带孩子的方式，特定家庭中的特殊经历几乎是没有推广的价值的，这些经验可以拿来参照，至于要不要接纳和效仿，那就是另外一回事了。

如果一直担心自己经验不足会对孩子造成伤害，反而只会让亲子关系变得僵化，孩子能感受到父母的疑虑和不坚定，会因此而感到害怕。孩子并不是什么脆弱的瓷娃娃，一不小心就会摔碎，他们是被父母带到这个世界上来的小人儿，需要在父母的照顾下成长。

意大利语中"担心"这个词写作"Preoccuparsi"，它是由两部分构成的，即"pre"（意思是在……之前）和"occuparsi"（意思是照看、负责），所以从字面上来看，"担心"的意思就是从一开始就负责照看某个人，一直把他放在心上，换句话说就是爱他。

每个人来到这个世界上时，都需要别人温柔的呵护才能生存下来。生物学界所说的"母性行为"或"育幼行为"，指的正是母亲为了保证孩子安稳和谐的成长，而跟孩子进行的各种充满感情和爱意的互动。社会生活实际上是由与各种人的各种关系构成的，这些母亲与孩子的早期互动能帮助孩子为融入这样的社会生活而做好准备。儿童步入社会生活的第一个挑战，就是要对所生活的世界建立起最基本的信心，这一个挑战完成的结果有着非常大的影响，会为接下来融入社会的每一步都留下烙印。长大以后当遇到困难时，孩子是否相信生活中有一个可靠的人，可以成为自己坚实的后盾，能否建立起这种安全感，正是由孩子早期与父母的关系决定的。

当孩子不舒服的时候，比如当孩子夜间总是遗尿时，父母会感到担心，他们担心的不仅仅是因为看到眼前孩子尿床的现象，他们更担心的其实是这种情况会引起孩子怎样的情感变化，即孩子内心的感受。

有一点对于父母来说很重要，那就是在带孩子去看各种专家之前，先花一点时间陪陪孩子，了解一下小家伙的感受，鼓励孩子说一说关于尿床的事，但是不要让他有负罪感。孩子就像海绵一样，他们会"吸收"周围发生的所有事情，不需要借助语言的途径。花时间陪孩子，就是关心孩子最好的方式。

只有在孩子的配合和帮助下，父母才能开始试着解决孩子尿床的问题。当然了，有些尝试也有可能会失败，这是很正常的，但是只要我们的每次尝试都带着对孩子的爱、理解和尊重，即便对孩子的症状没产生很好的效果，对改善亲子关系、加深亲子之间的感情也肯定是有好处的。

当父母带孩子去儿科诊所时，可以多向医生请教一些相应的理论知识和实用的方法。有的医生会建议家长在孩子完全准备好之前，晚上睡觉的时候先不要给孩子脱掉纸尿裤，这样做的目的是防止孩子尿在床上，从而避免孩子因为感觉到或看到自己尿床而感到羞耻，也可避免家长要半夜起来换床单。这样一来，虽然真正的治疗还没有开始，父母和孩子也能睡得比较安稳，让夜晚的时光变得更加静谧。

不要给孩子施加压力

理解孩子的过程肯定是不轻松的，这首先是因为我们已经不记得我们小时候是什么样了。从成年人的角度来看待孩子，有时候会让我们觉得孩子太脆弱、太单纯了，他们手无寸铁，没有办法保护自己，这种印象只会让我们一刻不停地担心孩子，对发生在孩子周围所有的事情都不放心。当我们感到过于紧张和焦虑时，我们可以提醒一下自己，对孩子来说最重要的事情，其实是在一个安定而和谐的环境中成长。成长这件事本身已经非常艰难了，爸爸妈妈就不要再给孩子施加压力了。很多时候父母闹矛盾都是因为在养育孩子方面产生了分歧，他们争论的核心其实都是什么样的做法对孩子更好，虽然初衷都是好的，但是给孩子造成的影响却完全是负面的。

第四章

如何帮助孩子克服尿床？

"尿床"不是疾病——正确理解尿床的问题

我们首先要明白，有些孩子 2~3 岁的时候就能学会控制小便，但是也有的孩子需要更长的时间。实现膀胱充盈和排空的过程需要身体多个部分的协调能力和控制能力，每个孩子获得这些能力的时间和方式都是不一样的。因此，孩子完全学会控制排尿的时间有早有晚，我们应该接受这种差异，就像我们可以接受孩子学会说话和学会走路的时间是有先后的一样。

意识到这一点，知道尿床不应该被当作一种"疾病"来对待，可以帮助父母对尿床问题有一个正确的理解，避免总是拿自己的孩子跟同龄人中较为独立的孩子做比较。有的家长认为孩子尿床或尿裤子是因为懒，或者当孩子尿床的时候就应该受到惩罚。如果能摒弃这类理论，可以说就在正确理解尿床问题的道路上前进了一大步。

因此，我们不应该把孩子夜晚遗尿的现象看成是一种病，这只不过是一种不适的表现，而且如果家人能正确看待这个问题，随着时间的推移，遗尿现象常常是可以自愈的。

如何正确诊断遗尿症

在给家长或者给孩子（如果孩子足够大，能听明白的话）解释完夜间遗尿症的概念之后，儿科医生就要准备着手"训练"孩子和家人去一步步解决这个问题了。我们都知道，在进行任何体育锻炼之前，都要先记录好"初始值"，然后才能对最后的锻炼成果进行评估。解决尿床问题也是一样，在开始治疗之前我们需要准确地记录孩子尿床的频率，对比较大的孩子，医生可以让他们在父母的帮助下填写日志，记录自己有没有尿床。

一般儿童医生会搜集一些关于孩子的有用信息，为接下来的诊断和治疗做好准备。下面我们就来看一下最重要的信息有哪些，有需要的家长可以提前准备问题的细节。

·孩子的饮食特征。

孩子每天喝多少东西、喝什么东西。这里需要解释一下，根据年龄、所生活地区的气候条件以及每天的活动量，孩子每天需要摄入一定量的液体。为了治疗夜间遗尿症而让孩子口渴难耐，这种做法是没有任何意义的：4~8 岁的孩子每天要摄入 1 000~1 400 毫升液体，再大的一点的孩子有时每天摄入量甚至要达到 2 300 毫升。

在童年时期，膳食合理、饮水充足是非常重要的。但是需要注意的是，遗尿的孩子要避免饮用含咖啡因的饮料（茶、以可乐果为基础制成的饮料和其他类似的饮料），同时也不要在夜里摄入太多液体。不过对于巧克力和其他一些好吃的食物，家长们倒也不必让它们来"背黑锅"，因为没有任何科学研究表明停止食用某些食物对治疗遗尿症有效果。

·孩子的睡眠特征。

通过调查孩子睡眠的时长和质量，我们可以知道除了尿床之外，孩子是否还有其他不适，因为有可能是这些不适导致了尿床的发生，比如梦游症或夜惊症。

孩子睡得很沉、很踏实，还是很不安稳？孩子夜里会醒，还是能一觉睡到天亮？医生还可以问一下孩子在哪里睡觉、跟谁睡觉，目的是看看家里的其他成员（比如兄弟姐妹）是否知道孩子有遗尿的现象。因为父母一般不会主动提起孩子尿床的问题，即使在家庭内部也不太会，但是家里的其他成员尤其是兄弟姐妹却很有可能会嘲笑他。如果是这样的话，孩子就会很生气、很沮丧，因为小家伙会觉得连在自己的家里都没有安全感，都不被接纳。

· 停止使用纸尿裤的年龄。

追溯孩子戒除纸尿裤都经历了哪些阶段，非常有利于帮助我们理解孩子学会控制括约肌的过程是一帆风顺的，还是遇到过困难。

基于以上这些信息，儿科医生就可以判断孩子是原发性遗尿症还是继发性遗尿症。因此，孩子戒除白天的纸尿裤和晚上的纸尿裤的年龄，以及排便的特征，是完成一项全面调查所必不可少的信息。

医生还可能会向父母询问以下问题：什么时候开始尝试白天不让孩子使用纸尿裤的？晚上呢？孩子能控制得住吗？能保持多长时间？孩子一天排不了几次尿还是说每天会排 7 次以上？孩子是怎么尿尿的，姿势是什么样的？孩子拒绝在学校里尿尿吗？孩子每次要尿尿的时候都急匆匆地跑向厕所，看起来都好像非常着急吗？孩子白天会尿裤子吗？内裤上会出现少量的大便吗？有便秘的情况吗？孩子的生殖器有没有灼热、瘙痒或疼痛的症状？

·遗尿症的家族性。

孩子的哥哥姐姐和爸爸妈妈是多大年龄的时候停止尿床的？家里的其他成员小时候有没有出现过遗尿症状，多大年龄的时候痊愈的？他们当时是怎么解决这个问题的？由于具有家族特性，所以我们建议对不同家庭成员都做一个调查，不过这个任务有些艰巨，因为即使已经过去很多年了，小时候曾得过遗尿症的当事人可能还无法从负罪感和羞耻感中解脱出来。有的父母非常不愿意承认自己小时候也有过遗尿症，因为这意味着对孩子的遗尿问题负有责任。也有的父母会把自己小时候所尝试过的治疗方法搬过来用在孩子身上，这些方法让孩子受尽折磨不说，关键是也没有什么效果。

·精神运动能力的发育特征。

结合孩子的整体发育状况来分析遗尿问题，可以帮助我们得到更全面、更准确的结论。这就是为什么我们认为儿科医生应该跟孩子的家人一起回顾一下孩子精神运动发育过程中经历

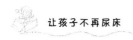

过哪些重要阶段（断奶、运动能力的获得、语言能力的获得、社交、在校成绩）。

什么情况下要做尿液分析

并不是所有表现出遗尿症状的孩子都需要做尿液分析，只有以下情况才有必要：

· 日间遗尿伴有 / 或者日间尿失禁

· 出现生病的征兆或症状（比如发烧、全身疼痛、外生殖器发炎等）；

· 很久之前或最近出现过尿路感染；

· 继发性遗尿；

· 明显比之前更容易感到口渴，尿量显著增加（有糖尿病的可能）。

· 尿床的特征。

孩子从什么时候开始出现夜间遗尿症状的？一个星期会尿几次床？每次的尿量多吗？当尿床以后，孩子是什么表现？会主动醒来吗？这是可以帮助我们详细描述孩子遗尿症状的部分问题。除此之外，我们还要了解一下家人在面对"湿答答的床"的时候做出了哪些反应，采取了哪些措施：会换到另一张床上睡吗？会安慰孩子还是嘲笑或／和惩罚孩子？兄弟姐妹知道这件事吗？爷爷奶奶怎么看待这件事？他们会采取什么措施吗？

·先前就有的疾病和其他问题。

夜间遗尿症也有可能只是伴随着其他病症而产生的一种症状，因此，查看孩子是否本身患有其他疾病或遇到了某些特殊情况，也是儿科医生的任务之一。比如说，医生应该检查一下孩子是否有尿路感染、便秘问题或大便失禁问题（内裤上经常沾有粪便）、神经系统疾病、糖尿病（比如说，糖尿病的其中一个症状可以是近段时间饮水量和尿量突然大增）、情绪表达障碍或行动障碍，是否有受到虐待，等等。

如何进行干预

我们前面已经讲解了遗尿症诊断过程中的两个要点：第一，让孩子和家人对这一问题有一个充分的了解；第二，仔细搜集相关的信息、症状和征兆。接下来我们要做的就是，结合下面列出的要点，评估这个问题对孩子、家人和朋友产生的影响，以及大家对治疗结果的期望和预期。

奖励治疗机制

在治疗遗尿症的过程中，医生可能会向家长推荐采用"奖励治疗机制"，这里我们必须要仔细讲一下这个机制的含义。所谓的奖励治疗机制，并不是说孩子每次没有尿床的时候我们就给予他一定的奖励，而是说每次到了上床睡觉的时候，小家伙如果能遵照正确的"程序"（比如上床前要去厕所）而且 / 或者能坚持严格执行治疗方案中的要求，我们就要奖励他。

·孩子的观点。 是孩子自己主动要求治疗的还是说孩子根本没意识到这个问题？孩子有没有遇到过晚上睡觉时必须不能尿床的某些特殊场合，比如跟朋友一起出去玩或出去度假的时候？之所以问这些问题，是因为我们要了解孩子是不是在有意识地积极参与到治疗过程之中，还是说被动地接受父母和儿科医生提出的治疗方案。如果孩子自己完全置身事外，没有参与到治疗之中，那么消除症状所需要的时间一般就会比较长。相反，如果孩子年龄稍大一点，遗尿的问题给他带来了不便，为了避免引起尴尬，他们会刻意减少自己的社交活动，在这种情况下，孩子比较迫切地希望尽快克服遗尿问题，就会主动配合儿科医生，跟医生一起制定可以满足要求的治疗方案。

·家人的态度。 孩子的家人气急败坏地要求医生马上制定对策吗？为什么会有这种表现？他们很生气或很沮丧吗？面对孩子的遗尿问题时，家人的感情态度始终是非常重要的一个方面，不仅会影响治疗方案的进展，同时也是决定孩子症状的基本因素，值得我们仔细研究。

·治疗结果的影响。如果进行治疗之后效果不尽如人意，那么会产生什么影响呢？孩子的父母会放弃吗？会把所有的过错都归结到孩子身上，认为孩子肯定是有什么地方做得不对吗？医生在实施治疗方案之前，必须要考虑清楚，如果治疗后收效不大，孩子的家长会有什么样的表现，因为遗尿症状的复发率是很高的。

根据孩子年龄的不同，我们所建议的干预方法也有所不同。

如果孩子年龄在 5 岁以下

我们在进行干预的时候要注意以下几个要点：

·科普与安慰。医生应该告诉家长，在这个年龄段，有五分之一的孩子每周至少遗尿一次。了解到这一点，家长们马上就会松一口气。

·建议与支持。医生可以给家长一些简单的建议，虽然不能帮助孩子马上消除症状，但是肯定是有帮助的。比如可以让家长引导孩子每天小便 4~7 次，这种做法可以让孩子的行为习惯逐渐变得更有规律，从而减少夜间遗尿的发生。

还有一些其他的小窍门可以帮家长和孩子避免夜里出现麻烦，比如睡觉前给孩子穿上纸尿裤，或铺上隔尿床单，让孩子尿完尿再上床等。

我们要在孩子完成了类似尿完尿再上床睡觉这种任务时奖励孩子，而不是在早上起来发现孩子没有尿床的时候奖励他，只有这样才能增强孩子的主动性，他会觉得只要自己努力了，不论结果如何，父母都是爱自己、接受自己的。每当夜里孩子醒了的时候，都建议带孩子去厕所尿尿，虽然这件事非常困难，但是这是在帮助孩子解决问题，孩子可以理解，对孩子面临的问题不管不顾才会让小家伙更加不安。如果晚上孩子不会醒，那最好不要为了让他去厕所而把他叫醒，因为这毕竟不是长久之计，无法保证长期的效果。

·检查并解决其他问题。遗尿可能只是其他病症或问题表现出来的一种症状，我们要检查一下孩子是否有身体上的问题（比如便秘或尿路感染）以及/或者心理上的问题（比如焦虑、恐惧、睡眠障碍）。

·过6~12个月之后再看。有时候我们的治疗没有任何效果，有可能只是因为孩子还没准备好，他们还需要一点时间。

如果孩子年龄在5岁以上

这种情况下，遗尿症所需要的治疗过程可能比较复杂了。

经过诊断阶段的信息收集工作，我们已经分析了家人们就每个问题所给出的答案，因此对于哪些孩子是要做进一步的调查或专门的检查，我们大概已经心中有数了。这时候，儿科医生首先要做的是告诉孩子的父母，尿床并不是孩子的错。遗尿症的典型特征就是非主动性，这也就决定了对孩子进行任何的惩罚都是没用的，甚至还会让情况变得更糟。同时，医生还要告诉他们这样一个事实，即在大多数情况下，过一段时间，遗尿现象可能会自行消失。很多时候医生的这种解释本身就可以发挥非常有效的治疗效果了。

第五章

真正的治疗手段

遗尿症最主要的治疗手段首先是：

· 去氨加压素或抗利尿激素；

· 尿湿报警器。

极少数的情况下需要用到以下药物：

· 镇痉类药物，如奥昔布宁；

· 抗抑郁类药物，如丙咪嗪。

在实际应用中，以上所有的疗法有可能会配合使用，也有的时候需要错开时间每次单独使用其中一种。抗抑郁类药物和镇痉类药物其实是很少用在儿童身上的，只有当多次尝试使用

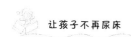

去氨加压素和报警器后治疗效果仍不明显时，才会考虑用上述两类药物。

因此，下面我们重点来看一下去氨加压素疗法和尿湿报警器疗法。

去氨加压素或抗利尿激素疗法

去氨加压素或抗利尿激素，是一种可以大幅提高尿液浓度的药物，因此服用后排尿的次数会减少（尿液的比重上升）。

以前主要是通过鼻腔给药，但是这种方式已经被淘汰了，现在建议口服给药。根据孩子的实际情况，剂量可以逐渐增加，第一个疗程需要 3 个月的时间，3 个月后重新进行评估，必要的话则要服用第二个疗程。这种治疗方式适用于 5~7 岁的儿童，当他们拒绝使用尿湿报警器时，或在短时间内必须达到一定的效果时（比如孩子需要出去玩或去旅行时），可以考虑使用这类药物。

但是，有临床经验表明这类药物停药后遗尿症状有可能会复发。

禁止使用尿湿报警器的情况

出现以下情况时，是不能使用尿湿报警器的：

·孩子只有在偶然的状况下才会尿床，每周最多只尿一两次；

·如果孩子或家人患有听觉障碍，显然尿湿报警器是不合适的；

·孩子患有运动障碍或学习障碍；

·如果父母还无法平静地接受孩子遗尿的症状，没有理解遗尿并不是孩子的错，那么就不要使用报警器，因为每次夜里报警声突然响起，都有可能会让父母变得更加愤怒、更加沮丧。

尿湿报警器

尿湿报警器（也叫尿床报警器）在英美等国家使用较多，相比之下意大利用得较少。这是一种电子医疗器械，上面装有湿敏传感器，睡前将传感器放在孩子的床垫或纸尿裤上，当孩子开始排尿的时候，传感器马上就会捕捉到信号，然后触发报警器。报警声会把孩子叫醒（而且很有可能全家都会被叫醒），经过日复一日的训练，能帮助孩子形成一种条件反射，有助于提高孩子对膀胱的控制能力。尿湿报警器的价格不是很高，反

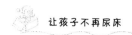

应也很灵敏。

从孩子开始排尿到报警声响起的反应时间，决定了能不能帮孩子建立起有效的条件反射。研究表明，经过报警器的训练，孩子的大脑能逐渐学会将膀胱充盈的感觉与起来排空膀胱的行动联系起来，后期在没有报警器的情况下也将会产生这样的联想。

一般来说，经过两个月的治疗后，80%的孩子都能停止尿床，但是复发的概率也是比较高的（40%），因此需要进行第二轮的治疗。

最新款的尿湿报警设备小巧便携，可以直接连在孩子的内裤或睡衣上。

实际上，孩子为了避免睡眠被突然中断，会努力提前醒来去尿尿，而不是等报警声响了之后才去。

这是一种主动调控机制，建立这样的机制需要时间，有时可能需要克服重重困难。但是尿湿报警器相比于其他方式，已经是最最符合人的生理规律的方法了，毕竟它可以避免让孩子服用药物。

采用报警器的不便之处有两个：一是医生要教给孩子

和孩子的家人如何使用这一器械；二是会影响睡眠质量。因此，采用这种治疗方法的前提是家长和孩子必须要接受这两个弊端。

治疗效果

现在我们来看一下可能会出现的治疗效果，家长们对此要有所了解，做好心理准备。

我们将治疗的效果分为三种，即完全型、部分型和无效型。经过治疗之后，如果孩子能做到连续 14 天不尿床，或者尿床的次数减少了 90% 以上，即便还没有彻彻底底地克服遗尿，从概念上来说，我们也称之为"完全型疗效"。

如果经过治疗以后，孩子的情况有所改善，但是尚未达到我们上面所说的指标，那么就属于"部分型疗效"。

如果完全没有任何效果，那么我们就要考虑一下两个方面的问题：第一，孩子的膀胱是不是"多度亢奋"，可以考虑带孩子找泌尿科专家就诊；第二，孩子是否有社交障碍或心理障碍，可以找心理专家诊治确认。

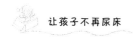

诊治过程概述

当仔细收集完各种必要的信息之后，儿科医生就要对孩子进行客观的检查了，即真正的医学诊察。

通过诊察，既要评估孩子的健康状况（比如身体含水量、血压），也要确定外生殖器（比如有没有发炎的症状）和骨骼发育是否有异常（筛查是否有椎管闭合不全等畸形症状）。

根据检查结果，再结合前面所搜集的历史信息（家族病史、孩子的生理发育史、近期或很久之前曾患过的病症），儿科医生就能确定孩子属于哪种类型的遗尿症了，而且可以向父母解释导致这种症状的原因可能是什么，这时候不要忘了给予他们一定的鼓励，告诉他们随着时间的推移，遗尿症状很有可能是可以自行消失的，让他们不要有太多担心。

如果通过初步的评估，怀疑孩子有可能是因为患有其他病症（尿路感染、糖尿病、畸形）才导致遗尿，医生可以通过进一步的相关检查加以验证，比如让家长带孩子去做尿检和/或尿路超声检查。

如果孩子有白天非自主排尿现象，尿量很少（滴尿），而且常常伴有便秘症状，这时候应该安排孩子去看儿童泌尿科医生或胃肠科医生，并且检查一下排尿动力（尿动力学检查）和肠道动力。

如果通过分析孩子的成长历史，我们发现小家伙在情感、社交或家庭方面可能遇到了不和谐因素，或者孩子在之前生长发育的关键阶段（如断奶阶段或语言习得阶段）曾出现过比较严重的问题，那就应该带孩子去找心理医生做心理咨询。

为了更清晰地展示上述诊治程序，我们绘制了简单的流程示意图供大家参考（具体见 82-83 页）。

只通过一次诊断就能确定治疗方案的情况，是非常罕见的。

正如我们前面所提到的，让孩子和家长知道夜间遗尿现象很多时候可以自行消失是非常重要的，这也属于一个治疗步骤，可以帮助孩子和家人重新树立信心，相信自己的能力。同时，医生要给予孩子和家长分享和表达自己意见的机会，当他们有需要的时候，随时可以见面，倾听他们关于遗尿问题的新想法，重新商讨之前制定的治疗方案，这样可以让他们感觉更放松、更有信心，有助于缓解紧张情绪，适当分散注意力。因此，我们可以将以上这两种做法视为治疗手段中的第一个层次。

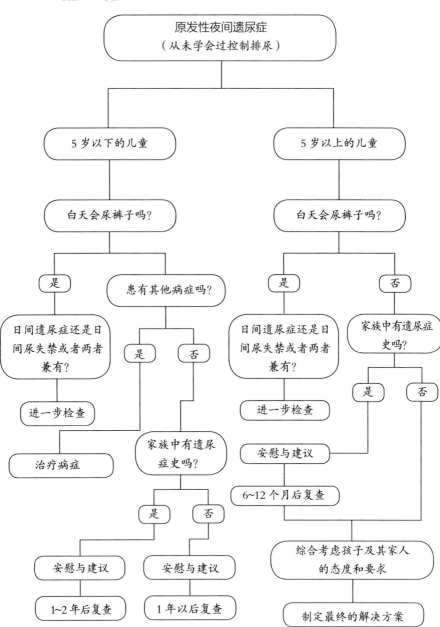

原发性夜间遗尿症
（从未学会过控制排尿）

5 岁以下的儿童

5 岁以上的儿童

白天会尿裤子吗？

白天会尿裤子吗？

是

患有其他病症吗？

是

否

日间遗尿症还是日间尿失禁或者两者兼有？

是

否

日间遗尿症还是日间尿失禁或者两者兼有？

家族中有遗尿症史吗？

进一步检查

进一步检查

是

否

治疗病症

家族中有遗尿症史吗？

安慰与建议

安慰与建议

是

否

6~12 个月后复查

综合考虑孩子及其家人的态度和要求

安慰与建议

安慰与建议

1~2 年后复查

1 年以后复查

制定最终的解决方案

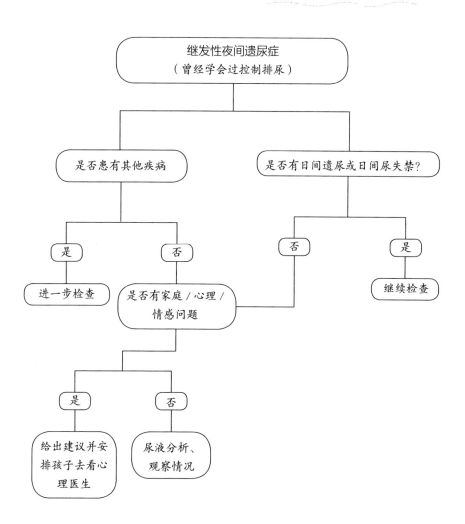

临床案例

安娜

安娜，四岁，是家里的第二个小孩。其家族和本人历史上都没有什么特殊的病症。安娜的成长过程和精神运动能力发育过程一直都很正常。2~3岁的时候，安娜成功戒掉了纸尿裤，先是白天不再用纸尿裤了，后来晚上也不用了。

父母带安娜去看儿科医生，是因为最近几天小家伙又开始尿床了。

很显然这属于继发性遗尿症。安娜看起来没有任何其他疾病的症状和迹象。

给安娜诊治的儿科医生从安娜一出生开始就认识她了，所以对她非常了解，医生询问了一系列问题，包括遗尿现象是什么时候出现的，最近几个星期有没有发生过什么重大的事情，有没有生过病。安娜的妈妈说大约10天之前，安娜发过一次烧，同时伴有腹泻和呕吐，几天后这些症状都自行消失了。

妈妈还指出，生病那几天安娜没有胃口，但是后来吃饭就恢复正常了，安娜又回幼儿园上课了。幼儿园的老师们告诉安娜的妈妈，小家伙在幼儿园经常跟老师说要去厕所，不过从来没尿过裤子。

听到这里，医生问安娜的父母，最近这段时间安娜是不是经常说口渴，比以前喝东西要多。父母说的确是这样的，于是医生马上安排安娜去做了一个尿液分析，结果显示安娜尿液中的葡萄糖含量非常高（即糖尿）。医生跟安娜的爸爸妈妈解释了当前的情况，告诉他们现在需要马上去做进一步的诊断，然后马上联系了儿童泌尿科室的大夫，让他们确诊孩子是否患有糖尿病。接下来的诊断结果确认了医生的判断，安娜马上开始接受糖尿病治疗了（胰岛素疗法）。

在上面的案例中我们看到，继发性夜间遗尿的症状实际上是由糖尿病引起的，正是由于遗尿症状的出现，安娜的糖尿病才得到了及时的诊治。

保罗

保罗，6岁，家庭医生之所以安排他到小儿肾脏科来做检查，是因为他夜里"还在尿床"，每个星期会出现4~5次遗尿症状。

带保罗来医院的是他的爸爸，医生在爸爸的帮助下，开始询问问题，搜集跟病人有关的临床信息。

保罗是家里的第三个孩子，妈妈孕期正常，足月生产。他是母乳喂养的，后来身体发育过程和精神运动能力的发育过程都很正常。在两岁半的时候，保罗白天不再使用纸尿裤了，但是晚上一直都没完全脱离纸尿裤。因此，保罗的情况属于原发性遗尿症。

　　爸爸说保罗得过几次扁桃体炎，但是从没住过院。他是一个非常优秀的小足球运动员，但"就是还在尿床"。

　　检查结果表明保罗没有任何病理性的毛病，他看起来也很机灵，性格很活泼。

　　医生接着询问了一系列的问题，想了解一下家里人是如何处理这件事的。爸爸说如果保罗尿了床，两位哥哥就会合起伙来嘲笑他，而且如果保罗不马上换掉睡衣和床单，就会受到惩罚（"今天你不可以去训练"），爸爸跟医生讲述这些事情的时候，保罗静静地坐在椅子上，整个人缩成了一团。

　　泌尿科大夫问爸爸家里有没有其他人小时候戒除纸尿裤的时间也比较晚，爸爸支支吾吾，过了一会儿终于承认，他自己小时候"可能"也是稍微有点晚才脱离纸尿裤的，但是肯定没有超过6岁。小时候体罚对他来说简直就是家常便饭。保罗听完爸爸的"忏悔"，吃惊地瞪大了眼睛。随后专家给父子两个仔细讲解了遗尿到底是怎么回事，保罗听得非常认真。

　　医生的话让保罗和爸爸都得到了安慰，因为他们现在明白了，遗尿的问题并不是谁的错，而且过一段时间后症状很有可能就自行消退了。

　　医生给保罗提了一个实用的建议：每天上床睡觉前一定要先尿尿，如果保罗能努力自己处理好用过的纸尿裤或一次性隔尿垫，而且标记好每次成功的经历（晚上没有尿床），家长就要给他一定的奖励。

医生还给他们介绍了应急治疗方案有哪些，比如当保罗暑假要去朋友家玩的时候，为了避免尴尬，就可以采取一些应急的手段。

最后医生还告诉保罗，如果他觉得有需要，随时都可以回来复查。

大约过了一年之后，保罗和爸爸妈妈一起回到了门诊，他们告诉医生，保罗夜间遗尿的症状已经逐渐地自行消失了。

乔娅拉

乔娅拉，6.5 岁，父母带她来看心理医生的原因是乔娅拉还会尿床，而且白天有的时候也会尿裤子，为此父母感到非常恼怒。她从来没有做到过连续很长时间不尿床。因此，乔娅拉的情况属于原发性夜间遗尿症以及继发性日间遗尿症。其身体发育过程一直都很正常，但是断奶的时候和开始去托儿所的时候曾经遇到过不小的麻烦，以至于后来乔娅拉 3 岁的时候，父母不得不把她从托儿所接回了家，交给爷爷奶奶带。

乔娅拉患有哮喘性支气管炎，经常要住院治疗。医生问了爸爸妈妈一些问题，从他们的回答中医生得知，有时候会发现乔娅拉的内裤上有大便（大便失禁），这个问题已经有一段时间了，因为她只愿意在家大便，其他地方的厕所她都不去。乔娅拉是家里的独生女，爸爸妈妈出差频繁，常常把她托付给爷爷奶奶或保姆。因此，乔娅拉的"夜行包"（里面装着她晚上睡觉要用的东西）也跟乔娅拉一样，经常轮换在几个家中出现。

医生给父母讲解了关于遗尿问题的知识，而且特别强调，在这种情况下大便失禁问题需要引起足够的重视。因此，医生建议父母带乔娅拉去做一个尿液检测，等拿到结果再带孩子来医院。

尿液的化验结果出来后显示正常，奶奶带着乔娅拉来找儿科医生复查。在聊天的过程中，奶奶提到小家伙总是会把"大床"尿湿。医生马上明白了，乔娅拉是跟父母中的一方睡在双人床上的，她的爸爸和妈妈在家里是分床睡的。

于是，医生让乔娅拉的父母一起来医院一趟，但是不要带乔娅拉，希望能开诚布公地聊一聊，更好地解决孩子的问题。最后，父母接受了医生的建议，决定去寻求心理医生的帮助。

第六章

介于健康和病症之间的情况：心理学干预

我们在前面的段落中已经讲过，我们普遍认为孩子应该学会控制大小便的年龄界限是 5 岁，超过 5 岁之后，如果孩子继续尿床或尿裤子，我们就可以说这是遗尿症的表现。

排便是孩子独立意识发展的自然趋势

我们前面曾经强调过，理论上来说，即便父母没有天天盯着孩子让他 / 她使用便盆大小便，迟早有一天，小家伙也会主动问爸爸妈妈自己可不可以像大人一样上厕所的。这是一种本能，一种自然趋势，随着孩子的成长，他们会自发地朝这个方向发展，尤其是 2 岁以后，因为在这个阶段，好奇心十足的孩

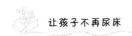
子们（儿童的好奇心可比成年人强得多）开始对大人们排便的方式产生了浓厚的兴趣。

在这个时期，孩子们的娱乐活动和运动行为也越来越丰富。在这个过程中，小家伙们可以去探索和尝试很多东西，同时跟同龄人或稍大一点的孩子也有了更多的接触，从而可以跟小伙伴们分享他们的新发现和遇到的挑战。通过游戏，孩子会产生想要模仿大人的行为的欲望，这就是为什么无论妈妈怎么要求他们使用便盆，这个年龄的小男孩都坚持要像爸爸一样站着尿尿。

我们可以给这个年龄段的孩子准备好儿童便盆，告诉他可以开始用便盆了，但是不要强迫孩子。这种提议实际上可以激发孩子的独立意识，让孩子开始努力处理好自己的生理需求，因为"像大人一样"意味着要"自己的事情自己做"，因此如果孩子能成功控制好自己的排便需求，他们会非常有成就感。

孩子对同伴或哥哥姐姐的模仿，也可以成为促进孩子戒除纸尿裤的关键力量，因为一般来说，每个孩子在一定程度上都会拿自己跟"早就会了"的那些人相比，而且想要变得跟他们一样优秀。这是一种自然的成长动力，孩子会寻求归属感，想要加入某个团体，想要变得跟其他同龄人一样。

儿童生理发展过程

婴儿刚出生的时候，对排尿是没有任何控制能力的，所以膀胱只要积满尿，他们马上就会自动将其排空。随着孩子长大，他们会逐渐学会憋尿。到 5~7 岁的时候，只有 2%~4% 的孩子每周会有一次或一次以上的日间遗尿，大约 8% 的孩子每个月会有一次或一次以上的日间遗尿。随着时间的推移，这种在白天控制排尿的能力，会逐渐延伸到晚上，最终能学会整个晚上都不尿床，或者夜里会醒来去厕所里排尿。

从第 18~20 个月开始，孩子开始掌握一种对他的社会生活至关重要的工具——语言，对此父母一定不能掉以轻心。如果孩子主动问父母自己可不可以像大人一样上厕所，父母当然要满足他的要求，这不是什么难事，可以先教给孩子如何使用便盆，然后再教他们上洗手间；如果孩子表示更愿意继续用纸尿裤，那父母就要多一点耐心，慢慢地引导孩子做出改变，不要因为用纸尿裤会比较脏或者发出难闻的味道而斥责或羞辱他们。还有非常重要的一点是，永远都不要逃避孩子的问题，尽管有时候这些问题问得很不合时宜或让人感到很尴尬，我们依然要做出回答：孩子需要认识周围的事物，需要不断地去探索

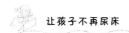

和尝试，为了帮助他们完成这些探索，作为家长我们必须要给出相应的指导。

人的身体对孩子来说是一个陌生而神秘的领域，他们还没学会如何很好地掌控自己的身体，因此这也就成为他们感到疑惑和恐惧的原因。比如，小家伙们注意到食物和饮料从嘴巴里进去，来到自己的肚子里，但是之后又变成了大便和尿，这可真是一件神奇的事！他们对这件事是充满好奇甚至赞叹的，因此，我们在给孩子解释为什么要把粪便扔掉时，不要说是因为这些是让人感到羞耻的、"恶心的东西"，而要说因为它们没什么用了，所以要扔掉，这样可以保证孩子之后每次大小便的时候不觉得那么尴尬，减轻他们的羞耻感。

帮助孩子克服羞耻感

有一位妈妈讲述了她女儿的情况：小家伙两岁半了，但是坚决不肯摘掉纸尿裤，每次她要大便的时候，就会躲进家里的某一间屋子，等自己拉完大便以后，再回到父母身边，让父母给她换纸尿裤。我们每个人需要有自己的隐私，但是这个小女孩的表现不仅仅是为了保护自己的隐私，她其实是害怕当自己把大便拉在纸尿裤里的时候，会有人突然抓住她、责备她。这种"必须要仔细地把自己的某些不招人喜欢的部分隐藏起来"的想法是非常危险的，因为这种想法一旦被内化，将对孩子心理人格结构的发展产生非常消极的影响。

　　早一点教会孩子处理个人卫生问题无疑会给父母带来一些好处，比如父母终于可以从天天换纸尿裤的苦役中解放出来了，但是也有可能带来某些麻烦。因为如果过早让孩子戒除纸尿裤，小家伙的注意力会经常被自己的隐私部位和排泄物吸引过去，他们投入过多的关注，然后赋予排泄部位和排泄行为以美学价值和伦理价值，前者指的是要保持这些部位的美观、干净，而排泄物是丑的、是肮脏的，而所谓的"伦理价值"，指的是根据父母的反应，孩子意识到大小便这种生理行为是有"正确"和"错误"之分的，同样是排便这件事，在有些场合下它会让父母感到高兴，有些场合父母却会表现出厌恶。但是这种观念是不恰当的，我们要教给孩子的应该是，学会控制自己的身体，并不是为了取悦大人，这是成长的代价，要成为大人，就必须得学会这些。并不是因为父母喜欢"听话的孩子"，小朋友就要停止尿床，当作是献给父母的礼物，不是这样的。控制尿尿的时间、不在床上尿尿，是我们长大过程中必须要学会的本领，是每个人成长道路上的重大突破。

对孩子进行严格的"卫生训练"，并不能帮助他们学会掌控自己的身体。这种做法反而有可能让孩子产生更强的依赖性，在跟成年人的关系中完全依赖于一系列的内化指令，这丝毫不利于培养孩子的自主性。而且，把孩子培养得过于敏感，过于在意周围的人对他的期待，会让孩子在以后与人的相处中变得脆弱且缺乏安全感。如果孩子将内心的这种疑惑与恐惧的感受锁定在身体上的泌尿生殖区域，在之后的成长过程中，肯定会对其性健康造成某种消极影响。

父母什么时候应该担心

尊重孩子的节奏、等待时机成熟，并不表示我们要毫无限度地等，完全不制定合理的时间节点。美国著名心理学家沙费（Shaffer）1994年所发表的研究结果表明，跟年龄较小一些的孩子相比，超过4岁的孩子在接下来的一年内能自发地学会控制排便的概率会大幅下降。实际上，孩子的年龄越大，尿床就越可能是孩子有心理问题的一种反映。

通常情况下，只有当孩子尿床的症状影响到其正常的生活进而对家庭气氛产生影响时，家长们才带孩子去找专家诊治。

在这之前，由于儿科医生会安慰家长说要等孩子准备好的时候，才能要求孩子晚上睡觉的时候戒掉纸尿裤，妈妈们也就没有非常担心。但是当尿床的问题开始成为限制孩子日常活动的因素时，比如要参加学校组织的短途旅行时或者要在朋友家睡觉时，家长和孩子就一下子变得非常担心，感觉这是一个亟待解决的问题。

如果当孩子到了一定的年龄时还尿床，那么这不仅会让他们自己感到尴尬，而且对整个家庭来说也是个麻烦事，因为每天都要大半夜起来换睡衣、换床单，这可是个繁重的"后勤任务"。

那遗尿是否与其他问题有关？到底什么时候应该对有尿床习惯的孩子进行进一步的专业检查呢？我们不仅要根据孩子的年龄判断，还要看孩子有没有其他异常的行为表现。

比如说，如果一个 5 岁的孩子还在尿床，而且与此同时在记忆词语和句子时也比较吃力，或者他的词汇量明显低于这个年龄的孩子应该有的水平，我们可以推测，小家伙可能是因为有学习障碍，才导致处理不好个人卫生的问题。如果是这样的话，为了方便孩子理解，家长在教孩子使用便盆和马桶的过程中，要把整个过程细分成小的步骤，循序渐进，一边巩固已经学会的内容，一边学习新的内容。

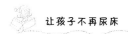 夜间遗尿症是对全家人的挑战

有一位妈妈说，她大儿子晚上尿床的问题已经打乱了全家所有人的节奏。怎么回事呢？原来每天晚上孩子尿床之后，她都要起来给他换衣服、换床单，这自然会把丈夫吵醒，而且丈夫醒了就会发火，因为第二天他还得一大早起来去上班。还有小儿子也会因此而休息不好，因为他和哥哥睡在一个房间里。

此外，孩子的情绪有无异常，也是应该引起我们重视的一个方面，比如攻击性是否过强，或整体表现是否非常焦虑。

现在的孩子往往任务非常繁重，家长会给他们制定精确而严谨的日程表，上面密密麻麻地写着每天要完成的任务，孩子们必须要严格遵守要求，才能让爸爸妈妈感到开心。这就可能会使孩子内心产生焦虑的情绪，表现出来或许是小家伙会很担心，担心在将要参加的各种学术课程或体育运动中表现不好。之所以会有这样的表现，很有可能是由于完美主义的心理在作

怪，孩子过于追求完美，对已经取得的成绩从来都无法感到满意，变得不自信，缺乏安全感。孩子的焦虑可能会有多种不同的表现，但是身体经常成为孩子抒发焦虑情绪的突破口。那些在白天看上去非常积极地迎接挑战、努力严格按照要求去完成各种任务的孩子，到了晚上可能就松懈了下来，他们隐藏在心里的焦虑完全浮出水面，表现出某些消极的、退化式的行为，比如尿床。

如果孩子除了尿床，还变得越来越有攻击性，那么这种现象也要引起我们的重视，需要仔细地调查一下。每个孩子都具有一定的攻击性，而且这对孩子来说是必要的，因为它是孩子在与他人接触的过程中保护自己、捍卫自己利益的一种工具，但是这种攻击性必须要有一定的限度，超过限度肯定是不恰当的。如果孩子表现出了过强的攻击性，可能说明小家伙正在努力挣脱自己父母的管制，争取主动权。关于这一点我们可以举一个有意思的例子，曾经有个患有遗尿症的小男孩，6岁，有一天晚上他又尿床了，然后妈妈想过来帮忙，但是小男却要把妈妈赶走，只同意让爸爸来帮助他，"你走开，你是个女的！"他这样对妈妈喊道。

从上面的案例分析，我们认为，有时候尿床表现出的是

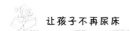

一种反抗的态度，是孩子借助自己的身体来说"不"的一种方式。因此，如果孩子有这种表现，表明在当下阶段孩子难以接受某些规则和限制（有可能是因为年龄太小而受到限制，也可能是长大的过程要求孩子必须接受某些规则），而且/或者孩子需要做自己的主人，不想只是被别人当作照顾的对象，希望大人把自己看成是一个不同于其他人的、有个性的独立个体。

这意味着什么呢？人类之所以不同于其他生物，首先就在于对我们来说，我们不能接受自己只是被当作喂养、清洁和教育的对象，我们还需要被视为一个完整、复杂且独特的个体来对待，这是人类的一种根本需要。我们会看到，有时候当孩子意识到自己无法完全掌控自己的身体、自己的时间和空间时，他们会非常沮丧，难以接受，同时如果自己的主体价值（自己作为一个独立个体的价值）得不到大人的认可或没有得到充分的认可时，小家伙们也会感到愤怒。

心理医生的帮助

我们说儿童遗尿症中，心理因素是一个很重要的方面，但是意识到这一点，并不意味着只要孩子有遗尿现象，我们就必须得安排孩子去看心理医生或心理治疗师。什么时候应该建议家长带孩子去做心理咨询，首先要看孩子的年龄、综合发育状况、情绪或行为是否有异常，以及家人在处理孩子的遗尿问题时的态度。如果遗尿问题确实已经给孩子带来了社交、情感甚至认知方面的障碍，那就肯定需要心理医生的干预了，只有在心理医生的帮助下，我们才能找出隐藏在遗尿现象背后的根本问题，然后才能着手处理由此带来的不适。

跟医学领域一样，心理学领域也有很多治疗儿童遗尿症的不同方法，而且到今天为止，也没有任何的研究确定地表明这些方法中哪种更有效，因此，到底要选用哪种方法，一般取决于孩子症状的严重程度、孩子的特点、家人对治疗方法的态度，以及医生的经验和理论方向。

因此，家长们需要了解目前在心理学领域都有哪些用来治疗夜间遗尿症的方法，以及每种方法的特点。只有这样，当医生提出某种治疗方案时，家长才有判断的能力。其他的我们在这里就不多说了，需要强调的只有一点，那就是只有在认同医生观点的前提下，家长才会真正以负责任的态度投入帮助孩子治疗疾病的工作之中。在开始阶段，医生应该告诉家长相关的风险，即治疗方案有可能会失败，症状有可能会复发，因此可能需要第二个疗程的治疗或改变治疗方案。

> ### 不要训斥孩子，要承认孩子的主体价值
>
> 如果我们留意一下就会发现，在教育问题上，孩子和父母之间最大的矛盾，都发生在大人利用自己的权威来命令或禁止孩子做某些事情的时候。有时候，强硬的要求会激发对方的抵抗，这就是为什么父母通过命令或训斥，不仅不会得到孩子的承认，反而会激发孩子内心倔强的反对情绪，开始跟父母针锋相对。我们在很多例子中都看到，如果父母能调整一下自己的这种态度（在对待大小便的问题上也是一样），不仅能缓解亲子之间的紧张的关系，还能影响并改变孩子的态度。
>
> 有一个10岁的小女孩的案例，可以带给我们一些启发。这个孩子向医生抱怨说，在她的家里，她是唯一一个不讨父母和爷爷奶奶欢心的孩子，因为她晚上总是尿床。医生注意到她在说话的时候重点强调，奶奶和妈妈曾经跟她说如果一直尿床的话就找不到丈夫，要做一个老姑娘。"这样更好，"小女孩说，"这样至少我可以永远都跟妈妈在一起了！"

但是无论是医学方法还是心理疗法，如果没有坚持治疗几个月的时间而中途放弃，我们是不能认为这种方法无效的。有时候要将医学方法和心理学的方法结合起来，才能帮助孩子成功消除遗尿的症状。也有的时候，虽然两种方法都用了，但效果还是不明显，这种情况下，我们可以推测，要么是孩子还没有准备好，还需要多一点的时间才能克服这个问题，要么是有其他的因素导致治疗效果不佳。对于后面一种情况，有可能是孩子的家人跟医生的关系没有处理好，比如不相信医生有能力把自己的孩子治好，对医生缺乏信心。对于心理医生来说，首要任务之一就是跟孩子的家人达成共识、形成共鸣，这是保证良好治疗效果的第一步。有时候疗效不好，也有可能是家庭内部的特殊情况造成的，在这些家庭中，孩子遗尿的症状，从潜在的意义上来说有可能是产生了某些"积极作用"，即对某个家庭成员来说，它代表着一种"从属利益"（参照第93页的内容"如果遗尿症能带来某种'从属利益'"）。比如孩子的妈妈刚被丈夫抛弃，这时候有一个喜欢尿床、每天晚上都需要她照顾的小宝宝，对这位妈妈来说反而是一件"好事"，因为无形当中可以让她感到不那么孤独。

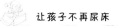

下面我们就来简要介绍一下心理学领域针对夜间遗尿症用得最多的几种方法。

行为矫正法

这种治疗方法以矫正孩子的症状性异常行为为核心，目的是在较短的时间内完全消除这些行为。

其中一种是必须要借助尿湿报警器这种仪器的，我们在"尿湿报警器"一节中（参照第 63 页）已经讲过了，其原理就是在孩子刚开始尿尿的时候，就马上把孩子叫醒。

另外一种行为矫正法不借助仪器，靠的是孩子的"自我调节"，医生会教给孩子一套自我放松的技巧，每天睡觉前，孩子要按照医生的方法自己练习。借助这种方法，孩子能够将"早上在干爽的床上醒来"的愿望，在脑海中转换成一幅视觉画面。这种治疗手段背后的原理是将上述视觉画面与孩子记忆中某段幸福而安心的经历联系起来，从而引导孩子停止尿床。

有医生认为，如果在行为矫正法中引入奖励机制，肯定会非常有用，因为这样可以激发孩子的主动性，促使他们努力去取得进步。我们认为，当孩子能做到几个晚上（具体几个晚上可以视情况而定）不尿床的时候，对孩子进行奖励，确实能够改变孩子的积极性，有时甚至能大大降低在连续两周不尿床之后再次尿床的概率。我们可以给孩子准备一本日历或记录表，让孩子在上面标记出自己取得成功（没有尿床）的日子，通过这种方法，孩子还可以跟父母一起监督和见证自己的进步。要注意的是，这种方法要求我们奖励孩子正确的行为，但对于失败的经历应该予以忽略，绝对不能因此而惩罚孩子。

行为矫正法的目标不仅仅是消除孩子的不良行为，还在于纠正周围的人的态度。在这种治疗方法中，父母的确扮演着非常关键的角色，他们是重要的催化剂，在他们的帮助和引导下，孩子才能朝着消除遗尿症状的方向去努力。

日间膀胱锻炼法

现在我们要讲的这种方法，是以儿童的身体为核心的，通过不断地训练身体的排尿功能达到治疗目的。这种方法叫作日间膀胱锻炼法，它之所以会诞生，是因为研究表明有些孩子是由于膀胱容量过小，才会出现遗尿的症状。

这种方法需要孩子的积极参与，孩子必须每天要进行一次尽量长时间的憋尿，坚持几个月，从而达到增大膀胱容积的目的。其理想的效果是当孩子感到想尿尿的时候，能努力憋住，然后尽量每次都能比前一次多坚持 5 分钟，直到最后能憋半个小时为止。虽然这种方式的确能增强膀胱的容量，但其治疗夜间遗尿症的效果还没有得到任何证实。

动机疗法

最后我们再来看一看"动机疗法"，这种方法认为孩子遗尿只因为他们的动力不足，不想主动去解决排便的需求，因而变得很懒。比如冬天的时候，这些孩子夜里不愿意起来去厕所尿尿，因为他们不想离开温暖舒适的小床。

因此，我们需要通过适当的鼓励，借助一定的策略，来改变孩子的这种习惯。

动机疗法更适合年龄稍微大一点的孩子，他们需要有自己独立照顾自己的能力。在这种疗法中，孩子要发挥积极的作用，他们既要自己在日历上记录哪些日子尿了床、哪些日子没有尿床，也要自己更换夜里穿过的睡衣。这种方式就是为了让孩子对自己的遗尿症状负责，而且要依照医生和心理专家给出的建议，主动努力去克服这种症状。医生和心理专家要跟孩子建立起互相尊重、互相信任的关系，只有这样孩子才能敞开心扉，坦率地讲出隐藏在症状背后的问题。但是在大部分情况下，这种致力于激发孩子积极性的方法对夜间遗尿症并没有什么效果，很有可能只会让孩子更加焦虑、更加沮丧。

第七章

家庭心理援助

根据我们的经验，一般来说，家人和儿科医生互相配合，是能够在较短的时间内就帮助孩子停止遗尿、恢复正常的。因此，在大部分情况下，心理干预只是作为一个辅助手段，帮助整个家庭更好地完成儿科医生制定的方案。

给父母的心理援助

帮助孩子的父母更好地理解孩子的症状，认识到遗尿问题是由多种因素共同导致的，然后跟父母一起想办法，建立情感上更加亲近的亲子关系，这是我们进行心理干预的目标之一。有时候心理医生要引导家长重视孩子的观点，提高他们在这方面的意识，因为只有当家长更了解孩子、能更好地倾听孩子的心声时，才能真正帮到孩子。

如果家庭内部因为孩子遗尿的问题而出现了危机，那就更需要找心理医生进行咨询了。无论在什么情况下，无论何时，创造一个平和而宽松的家庭氛围，对所有人来说肯定都是有帮助的。

因此，当父母垂头丧气地带着孩子来看心理医生，问医生应该怎么办的时候，医生的首要目标应该是先安慰他们，让他们感到安心。所有的治疗过程必须是以团结协作为基础的，医生要让父母知道他们是治疗方案中不可缺少的重要角色，从而让他们从无奈的情绪和失败的阴影中走出来，不再一味地抱怨。这样一来乐观的态度就会取而代之，对孩子及整个家庭氛围都会产生积极的影响。如果医生在跟家长面谈的时候就能帮助他们建立起这种积极乐观的态度，我们会发现从治疗之初开始，治疗效果就已经非常显著了。而且这并不是一种盲目的乐观，因为遗尿症的康复率的确是非常高的，所以大家一般都是满怀信心地参与到治疗过程中去的。

在面对孩子的家长时，心理医生的首要任务一定是跟家长达成共识，确立一致的目标，即帮助孩子克服遗尿问题，恢复健康。所制定的目标一定要切合实际，充分考虑到每个家庭的背景。给父母提供心理援助，意思并不是教给他们应该怎样做，而是提供给他们有用的信息，给他们把各种问题解释清楚，从而帮助他们重新审视家庭中根深蒂固的迷信想法或错误观念，正确地看待遗尿问题，提高应对这个问题的能力。很多家长都认为是因为自己的疏忽或者"手段强硬"才导致孩子出现了问题，因而一味地自责，这种做法起不到任何作用，对孩子也没有任何帮助。遗尿症和孩子的其他任何问题一样，并不是由家庭教育过于宽松或过于严格导致的。找一个替罪羊或把孩子的问题归咎于某一个家庭成员（可能是小时候也患过儿童遗尿症的一方），的确可以减轻家长的责任感和负罪感，但是并不能帮助孩子摆脱遗尿的症状，相反还会使家庭内部的关系更加紧张。能做到客观地分析当下的情况，不要带着谴责（别人或自己）和／或悲观的态度看待问题，是帮助孩子康复的第一步。

给孩子的心理援助

如果孩子表现为继发性遗尿症，或治疗效果不佳，遗尿症状总是复发，或者孩子的年龄已经比较大了（已经上小学了）

但仍然在尿床，这时候医生就不能够仅限于安慰孩子了，必须要深度调查，找出隐藏在症状背后的到底是什么心理问题。

 如果遗尿症能带来某种"从属利益"

彼得罗，6岁半，患有遗尿症。他第一次来看心理医生的时候，说自己来这里，是因为妈妈跟自己有点问题。所以我们看到，对这个小男孩来说，问题的关键不是自己晚上经常尿床，而在于他妈妈。当心理医生要求彼得罗解释一下所谈到的这个问题，寻问他自己是不是也遇到了某些困难呢，彼得罗给出的答案是，他的困难就是要"把妈妈的问题解决掉！"

在接下来的治疗过程中我们了解到，对彼得罗来说，遗尿现象是有潜在的积极意义（即从属利益）的，那就是小家伙可以借助这种方式来吸引妈妈的注意力，因为妈妈不久前刚刚决定重新回到幼儿园做老师，彼得罗因此十分担心妈妈对工作的爱会超过对自己的爱，他害怕失去自己在妈妈心中的核心地位，害怕自己不再是她爱的焦点，这才造成了遗尿对小家伙的特殊意义。"妈妈今天必须要照顾很多比我小的小孩，那我呢？"这似乎就是孩子内心主要的呼声，也是遗尿症状所要传达的信息。

因此，医生可以直接跟孩子面对面交流，一起寻找遗尿现象背后的原因，然后共同面对和解决由此而引起的情感方面的困扰。直截了当地跟孩子谈论他尿床的问题可不是件容易的事，因为这会让孩子觉得很没面子，会引起孩子深深的羞耻感。患有夜间遗尿症的孩子往往会觉得自己跟同学朋友都不一样，会因此而谴责自己。有的孩子甚至觉得自己活该受到惩罚、侮辱和嘲笑，因此，医生首先要帮助孩子正确认识遗尿的问题，从而消除孩子认为自己是异类的想法，让他们知道自己不是孤立无援的，而且问题是可以解决的，不必感到无奈。

对孩子的心理疏导工作，要求医生首先要带着对孩子的尊重认真倾听孩子内心的感受，与此同时试着引导孩子寻找遗尿的原因，对其做出可能的解释；在这个过程中，语言必须要简单易懂，让孩子明白遗尿是一种非自愿的现象，从而逐渐消除孩子的负罪感。

心理医生只有在让孩子安下心来、赢得了孩子的信任之后，才能开始和孩子一起深入分析造成遗尿现象的心理因素到底是什么。

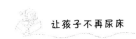

分析家庭内部关系

从心理学的角度来说，我们可以把 5 岁以上儿童的夜间遗尿现象看作是带有防御性质的一种行为，孩子跟家里他最爱的对象（首先是爸爸妈妈）之间的关系可能出现了某些问题，作为回应，孩子才表现出了遗尿的行为。

遗尿对孩子来说并不总是一个需要去克服的困难，有时候它对孩子来说可能是一种有效的工具，能帮助孩子吸引家人的注意力。在这种情况下，在每天晚上尿床的症状的背后，其实孩子是在默默地进行获得自我肯定的尝试。重新表现出小时候的行为，有时候可能是孩子在提醒爸爸妈妈，自己还是个需要他们关心和爱护的小宝宝。借助尿床这种方式，小家伙们有时是在要求家人给他 / 她一个独特的"位置"，不管家里有没有其他的兄弟姐妹，他 / 她都想要一个只属于自己的"位置"。

俄狄浦斯情结

我们从一开始就指出，尿床有时候不仅仅是一种身体上的症状，孩子在潜意识里有可能通过这种表象来表达自己和所爱之人的关系中的矛盾。

经常有孩子刚刚跟父母分床，要自己到小床上去睡觉了，然后就开始表现出夜间遗尿的症状，这可不是一种偶然的现象。有些孩子的夜间遗尿症和夜惊症，有可能是其内心的俄狄浦斯情结过早地突显了出来，由此而来的负罪感，引发了以上症状。晚上尿床的确可能代表了孩子对父母的某种仇恨，因为父母两个人非常亲近，孩子感觉自己被孤立了。其实儿童很早就会意识到爸爸和妈妈之间存在一种独特的、"秘密的"关系，而自己无法走到这种关系中去。意识到这一点之后，孩子可能会对父母的关系产生各种各样的想象，尽管具体的内容不同，但是这些想象都围绕一个相同的主题展开，那就是爸爸和妈妈两个人之间会互相交换"礼物""感情"，但是他们（孩子）却被排除在外了。

儿科医生经常遇到这样的情形：有的孩子年龄已经很大了，但是还喜欢睡在父母的床上，他们会觉得父母让自己到小床上去睡，是对自己的一种惩罚。如果妈妈经常搂着孩子睡觉，让孩子养成了睡在妈妈旁边的习惯，而且爸爸也从来没有管过，没有跟孩子说过这应该是他的位置，那么孩子就会理所当然地认为这个妈妈旁边的位置是属于自己的，即使年龄很大了，他们也依然想要回这个属于自己的地方。如果有一天这个地方被父母中的另一方（通常是爸爸）抢走了，孩子就会对这个人产

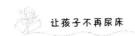

生愤怒和嫉妒的情绪。

弟弟的出生

　　还有更常见的一种现象，那就是当家里有弟弟或妹妹出生时，孩子就开始出现尿床的症状。对孩子来说，家里添了新宝宝可不是一件开心的事，他们不欢迎这个小"入侵者"。之所以会产生嫉妒的情绪，是因为他们害怕自己在父母心中的地位会被新来的宝宝取代。最常见的表现有两种：一是直接把这些情绪发泄在这个弟弟或妹妹身上，把他／她当作折磨的对象；二是孩子有可能会把矛头瞄准妈妈，然后不顾一切吸引妈妈的注意力。为了确保自己仍然是父母关注的焦点，牢牢抓住父母的心，孩子经常采用的一种策略就是"重新回到小时候"，变得跟刚生下来的弟弟或妹妹一样，从而与之争夺爸爸妈妈的爱。在这种情况下，孩子可能就会表现出退化性的行为，比如吮吸大拇指，或者我们一直在讲的这个问题——尿床。

　　关于父母是否还爱自己的这种疑虑，往往从妈妈怀孕的时候就已经开始了。事实上，遗尿症或其他与尿道部位有关的症状的出现，有时候是在孩子知道弟弟或妹妹将会从妈妈身体上的这个部位出来以后而产生的一种反应。在孩子看来，粪便、尿液和那个不招人喜欢的弟弟或妹妹都是待在同一个地方的，即妈妈的肚子里。因此，我们可以将孩子晚上无意识地排尿的行为，解释成是小家伙在以一种无意识的方式远离自己不喜欢的某些东西。可是，即使只是幻想了一下让妈妈失去肚子里的宝宝，这种想法依然会让孩子充满了负罪感，所以一般来说这通常会导致孩子对妈妈表现出更强的依恋。

儿童的负罪感

通过观察儿童在做游戏时的行为，我们可以清楚地看出，负罪感在孩子年龄还非常小的时候就已经萌芽，比如有的时候孩子拒绝玩某种特定的玩具，是因为在孩子的想象中，这种玩具代表着某个孩子不想面对的东西。有一个5岁的小女孩，自从妹妹出生以后，她就不再玩之前最喜欢的一个洋娃娃了：在她的想象世界中，这个洋娃娃就代表着刚出生的妹妹，她在潜意识中曾经幻想过好多次要把她从妈妈那里偷走，只不过自己没有意识到，这是因为这种想法会激发女孩强烈的负罪感，让她无法承受，因此这种想法只能停留在潜意识中，无法进入意识中去。

既然明白了孩子的行为传达了什么样的隐藏信息，那我们就能"对症下药"，知道该如何做出回应了。如果孩子对弟弟或妹妹有嫉妒的情绪，父母就应该负责任地跟孩子好好谈一谈，让孩子知道他是独一无二的、谁也无法取代的，而且有弟弟妹妹或者长成大孩子并不意味这会失去父母的爱，父母对他的爱是不会有丝毫减少的。父母最好要对孩子的这种情绪表示接受和理解，告诉孩子有这种想法是很正常的，但是要注意，如果孩子试图通过扰乱家庭生活来把父母的爱据为己有，父母绝对不能予以赞同，不要用这种没有底线的方式来巩固和孩子的感情。

有时候妈妈们由于担心孩子总是尿床，就会对孩子言听计从，耐心地满足孩子所有的要求，这也是很好理解的，因为孩子出现异常，妈妈会感到自责和焦虑，这种做法正好可以让妈妈们得到心理上的安慰。但是长此以往，孩子就会觉得自己在家里有至高的权力，父母则会觉得孩子简直是个"小霸王"，不得不有求必应。

因此我们经常看到有的患有遗尿症的孩子已经五六岁了，但是还会回去跟爸爸妈妈一起睡，但是这种做法对尿床这件事一点帮助都没有。对于这些妈妈来说，遗尿症其实给她们创造了一个跟孩子更加亲近的机会，她们在一定程度上是很享受这种感觉的，因为这样可以减轻她们的罪恶感，这种罪恶感往往也是潜意识的，内心深处妈妈们会觉得是因为自己又怀孕了，才会给孩子造成不愉快；所以面对孩子的无理要求，妈妈会不断地退让。然而，这种行为会让孩子更加坚定地认为，只要自己不断地尿床，就能跟妈妈保持更加亲密的关系。每种不适的症状都不可避免地会带来某种利益，即"从属利益"，这个概念我们之前已经提到过了，这种"利益"驱使当事人继续保持某些功能异常的行为；但是为了保证孩子健康和谐地成长，我们一定要想办法遏制这些行为。

跟爸爸的关系

我们已经讲过了孩子和母亲的关系，现在需要来看一下在父子关系中尿床有什么特殊的含义。

如果孩子患有夜间遗尿症，小家伙的挫败感往往是显而易见的，这种感觉一方面是由于遗尿的困扰限制了孩子的社交活动，造成孩子不太合群，另一方面则跟父子关系的特点有关。在童年时期，孩子会把爸爸视为英雄，如果小家伙感觉自己无法向爸爸证明自己也能成为像他一样的男子汉，没有办法达到爸爸的高度，就会感到非常沮丧，这种消极的情绪在夜里睡着的时候有可能就会表现为尿床。而且我们平时经常用某个人"还尿裤子"这种说法，来暗示某个人不够成熟，这里确实暗含了一种贬低和蔑视的意思。

我们前面已经提到过，在当今社会，夜间遗尿现象和孩子较高的焦虑水平之间的关系非常明显，孩子的焦虑有可能是家长要求他们必须要取得一定的成绩（在学习方面或体育运动领域），也有可能是孩子主观上感受到的压力比较大。面对来自外界过多和/或过高的期望，小家伙们如果感觉这些要求根本不在自己的能力范围之内，就会无意识地寻求庇护，表现出某些幼稚的、被动的行为，造成这种表现的最主要的原因是孩子害怕失败、害怕让自己所爱的人失望。

"我让爸爸失望了"

曾经有一对父子，由于爸爸非常喜欢足球，儿子也踢足球，所以两个人的关系非常亲密，但是后来两个人的关系受到了冲击，因为儿子由正式队员变成了替补队员，这意味着等打锦标赛的时候，他只能在看台上坐着了。小家伙知道爸爸很爱足球，他本来想要让爸爸看到自己可以满足他的期望，但是却没有做到，所以他很害怕因此而影响自己跟爸爸的关系。在这种恐惧的影响下，等到球队正在踢赛季最重要比赛的那段时间，小家伙夜里开始出现尿床的症状了，这让他更加灰心丧气，感到非常无力。心理医生了解到这种情况后，努力帮助这对父子把足球变成一种与任何表现和成绩都没有关系的、能将两个人联系在一起的纽带，医生建议爸爸也一起参加比赛，跟孩子一起评论赛事、交流看法，然后每个周日的下午跟孩子一起踢球。爸爸在理解了夜间遗尿症的这层含义之后，非常赞同医生提出的建议，在大家的共同努力下，没过多久，孩子的疑惑和恐惧就消除了，他不再怀疑爸爸对自己的爱了，遗尿的频率也就随之降低了。

孩子需要做真实的自己

我们发现 5 岁以上还在尿床的孩子有一些非常显著的共同特征，他们往往都是非常聪明的小孩，在其他方面没有表现出任何障碍，而且大部分都是家里的第一个孩子，因此父母过早就对他们提出了过高的要求，这些要求常常超出了他们能力的范围。爸爸妈妈们对孩子非常用心，一直盯着孩子，他们望子成龙，希望自己的孩子能做到最好，但是有时候有些用力过猛，经常根据自己的要求去纠正孩子的态度和行为。我们经常发现，那些平时表现得勇敢而骄傲的孩子，内心深处往往敏感脆弱、缺乏信心，而看起来温顺听话、彬彬有礼的孩子，内心其实非常需要得到别人的肯定。父母应该允许孩子做真实的自己，在孩子的成长过程中帮助他们、支持他们，但不要根据自己的意志去要求孩子和指挥孩子，允许孩子可以自由地说出自己遇到的困难，而不用通过身体上的异常症状来表达自己的诉求。

性别认同

我们上面讲到孩子需要别人认可自己本来的样子，这种需求首先体现为对自己性别身份的认同。比如说，小男孩会想要把自己和家里的女性（妈妈、姐姐、妹妹）区分开来，这种欲望常常表现为他们会致力于那些所谓的"男人的"活动（有时候方式非常极端），从而跟爸爸更加亲近。这就是为什么有时候夜间遗尿症也可以成为男孩凸显自己性别身份的一种方式，因为这种症状可以把大家的注意力都吸引到最能将孩子与其他性别的人区分开来的部位，即男性生殖器官；与此同时，通过这种方式，孩子还可以满足展现自己的权力、肯定自己的能力的欲望。

后面这一点可能有些难以理解，但是如果我们仔细想想，会发现尿床这件事从某种程度上来讲的确可以让人联想到所谓的男子气概，比如公然挑战社会上人人都遵守的规则（使用厕所），只管满足个人的需要，只要自己舒服，想怎么做就怎么做。

尿床这一层面的意义的确经常被我们忽略，它虽然体现了孩子的某种消极性，使其表现出退化性的状态，但是这种行为实际上往往又暗含着非常明显的攻击性元素。

我们完全可以将遗尿看作是男孩对自己性别身份的认同，公然去做"被禁止"的、"失礼"的事，让孩子感觉自己是在非常关键的事情上向妈妈挑战，因为母亲平时是非常看重个人卫生教育的；但是与此同时，通过这种方式，孩子也在寻求得到妈妈的爱，因为夜间遗尿的问题会让妈妈非常担心，实际上小家伙无意识地所做的这一切都是为了接近妈妈。每当夜里尿床以后，妈妈都要来给他换睡衣、换床单，他成功吸引了妈妈的注意，得到了妈妈温柔的帮助。

然而，无论是把自己和妈妈及其他异性区分开来，还是维系与妈妈的关系，其实都是完全可以通过除尿床以外的、更和谐、更恰当的方式来实现的。事实上，当有一天孩子发现还有更文明的认同方式时，比如学术领域或体育领域的活动，他们就会放弃借助遗尿症状，反而开始采用新的方法来实现上述目的了。

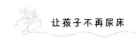

经典案例分析

柏翠莎是一个 11 岁的女孩，是家里的第二个小孩。她的父母决定带她去看心理医生，因为她晚上一直尿床。

柏翠莎有一个比她大两岁的哥哥卢卡，还有一个比她小三岁的弟弟西蒙。爸爸是一位企业家，妈妈是家庭主妇，她一直有点抑郁，而且跟第一个孩子的关系非常亲近。

妈妈约了心理医生见面，她表示很担心柏翠莎"尿尿的问题"，更准确地说这个问题让她感到很愤怒，她抱怨说已经用尽了所有的办法，但都没有效果。到了第三次见面的时候她丈夫才露面，妈妈在前几次来的时候表现得都比较悲观，但是爸爸比妈妈乐观得多，因为他认为这不是什么大不了的事，不必过于担心，这只不过是一个发育的问题，随着孩子的成长（尤其是等她开始来月经的时候），这个问题就会自行消失的。

跟父母（主要是妈妈）见了几次面之后，医生了解到，为了"治疗"遗尿的问题这些年他们所做过哪些努力。柏翠莎从一年级开始，就被带着去看各种儿科医生、泌尿科医生和神经精神病学专家，这些医生让小姑娘做了无数各类检查。但是没有一个人能准确地说出到底是什么身体上或心理上的问题引起了孩子的遗尿现象。

　　除此之外，妈妈还主动采取过一系列的她认为可能对女儿有所帮助的措施，包括晚上 6 点半之后不给柏翠莎吃任何流质的食物，也不能喝任何的饮料；为了不让她尿床半夜把她叫醒；甚至在她睡觉的时候把枕头拿掉，从而促使她醒来去厕所里尿尿。但是不幸的是这些方法没有一个起到过什么效果。这位女士四处打探消息，把每位医生建议的方法都试了个遍。她试过奖励法、惩罚法，什么都没有用，她还试过一些可以在夜间调节膀胱功能的器械，倒是起到过一些暂时的效果，当时她以为终于看到希望了，但是后来还是又变成老样子。

　　这位妈妈感到非常沮丧和无奈，她再三要求心理医生一定要见一见她女儿柏翠莎，因为她觉得不见本人空谈是没用的。

　　在医生的要求下，这位妈妈终于讲述了柏翠莎出生时的故事。

　　怀孕第九个月的时候，妈妈不得不暂时离开第一个孩子卢卡一段时间，把他托付给了爷爷奶奶照顾，由于胎儿仍处于站立位，所以分娩的时候情况可能会比较复杂，妇科医生和丈夫都觉得去另外一个城市生产比较好，因为那里的医疗条件更好一些。结果分娩的时候果然比较困难，她把这个过程描述为一个非常悲惨的经历，因为非常痛苦，而且给她的身体造成了严重的影响（坐骨神经痛和贫血），所以她不得不在医院里住了十四天。

"为了生柏翠莎，我竟然必须得把小卢卡留在家里，二十天都不能见他，您能想象吗？"妈妈的这句话让心理医生感到非常震惊，因为说这句话的时候，她似乎压抑着心中对女儿的愤怒和不满。

根据妈妈的描述，柏翠莎戒奶的过程也不顺利，因为她一直拒绝吃米糊。唯一一个能喂她吃下东西的就是当时家里的保姆，她要用非常耐心、非常温柔的方式，才能说服柏翠莎张开嘴巴。当柏翠莎开始上幼儿园的时候，他们又遇到了不小的麻烦，因为小姑娘根本不想去。幼儿园里的老师经常跟妈妈反映，柏翠莎一直哭，不跟其他小朋友玩，她会一个人在那里等，直到妈妈来把她接回家为止。

后来情况慢慢地好转了，随着柏翠莎年龄的增长，其他方面的问题就越来越少了，只有尿床这件事每天晚上都会发生。所以遗尿就成了一个没能解决的问题。

医生让妈妈描述一下她跟女儿的关系，这位妈妈最后承认，自己和柏翠莎的相处非常困难。她说柏翠莎太依恋她了，但是又常常无端地生气地反驳她的话，带有很强的攻击性。当医生问爸爸同样的问题时，他说自己由于工作原因经常不在家，所以没有办法回答这个问题。据他承认，柏翠莎跟他还是很热情很亲近的，但是事实上他的评价并没有什么价值，因为很显然是妻子在照顾几个孩子，他根本不怎么参与。不过有一点很有意思，这位爸爸经常强调说，因为柏翠莎是个女孩，所以妈妈更能理解这些"女人的事儿"，他跟两个儿子相处要好得多。"跟男孩相处更容易啊，一个球，一辆自行车就够了！"他对心理医生说。

　　柏翠莎出生后三年，西蒙出生了，妈妈非常喜欢这个儿子，因为当时她父亲刚去世不久，她很想生一个儿子，好给他取父亲的名字。心理医生注意到，妈妈讲到西蒙时，状态跟将柏翠莎时完全不一样，语气一下子变得饱含热情和温柔。

　　父母在讲述柏翠莎的童年生活时，都提到小姑娘曾经非常依恋家里的保姆，雷纳塔从柏翠莎出生起就一直负责照顾她。当时柏翠莎只有跟她在一起的时候才不会尿床。妈妈讲到这些以及现在柏翠莎还在不断地尿床的事，显得有点紧张。

"她尿床就是想让我生气，而且她根本不在乎尿湿床单这件事，因为她早上也会尿的。"在某次会面时，妈妈这样讲道。

跟孩子的父母商量好后，心理医生决定圣诞假期过后跟柏翠莎见个面。

见面那天妈妈和女儿一起来的，所以医生决定一起接待他们。在这种情况下柏翠莎似乎有点压抑着自己，但是对妈妈说的话她又时常表现出挑衅，尤其是当妈妈说的话中出现"尿尿"这个词时的时候，她马上就会反驳；柏翠莎根本没有办法讲述任何关于遗尿的内容。

第二次见面的时候，医生单独接见了柏翠莎，从这次开始，医生就逐渐赢得了柏翠莎的信任，她越来越能放得开，不再害怕了，而且也开始谈尿床的事了。从柏翠莎画的画和她编的故事中（她每个星期会编一些童话，然后等跟医生见面的时候带过来给医生看），医生渐渐发现了有两个关键的主题会在她设计的情节中和绘制的图画中反复出现：嫉妒和孤独。

柏翠莎向医生透露，当妈妈不在家的时候（这位妈妈经常陪丈夫一起出差），她觉得只有抱着妈妈的衣服才能睡着，于是就会从妈妈的衣柜里偷偷拿出一件，藏在枕头底下。

而且，当谈到自己和家人的关系时，柏翠莎毫不含糊地承认，她从小也想像哥哥和弟弟一样，有那个"小玩意儿"（指的是男性的生殖器官），之所以有这种愿望，不仅是因为她觉得这样尿尿会变得更加方便，而且还因为她感觉有这个东西的人好像都比较重要，至少肯定比她重要。比如，当说到爸爸和哥哥弟弟时，柏翠莎突然说："妈妈更爱卢卡，虽然她说三个孩子她都爱，但是我知道的，我从她看卢卡的眼神就知道了。"这句话生动地表达出了柏翠莎内心的嫉妒与羡慕，这是一直笼罩着她和家人的关系的两种情绪。

　　当感觉到妈妈更喜欢家里的男孩时，这个女孩似乎曾经绝望地寻找过原因，然后她意识到，自己和他们最明显的不同就是生理构造上的差异。柏翠莎对妈妈表现出了极度的依恋，自己在妈妈的心里到底占据着什么样的地位，她对此疑惑不解，这种疑惑让她痛苦到窒息，她非常想从妈妈那里得到答案。就连她尿床的症状，似乎也是在质问妈妈："所以我到底是排在哥哥和弟弟前面还是后面？"柏翠莎知道妈妈很爱她，但对柏翠莎来说还不够。对爸爸也是一样，柏翠莎也在不断地试探爸爸对自己的爱：虽然爸爸一直会赞美她，她感觉自己是爸爸最喜欢的孩子，但是爸爸却经常出差不在家。

除了对家人的质疑，和另外一个重要的人的分离，也增加了柏翠莎的疑惑，这个人就是保姆雷纳塔。

柏翠莎的爸爸妈妈说，当柏翠莎四岁半的时候，保姆雷纳塔结婚了，所以虽然还是会来家里做保姆，但是不再跟他们家一起住了。对柏翠莎来说，跟雷纳塔的分离是一次非常悲痛的经历。来跟医生见面的时候，她经常讲起保姆唱儿歌哄她睡着的时候有多么甜蜜，保姆抱着自己、保护自己的时候自己有多开心，但是她也清楚地记得雷纳塔要走的那天，她看到她在收拾行李时有多痛苦。"我还记得我躲在她的房间里哭。"柏翠莎说。

在不断见面的过程中，医生发现柏翠莎似乎不仅因为自己没有男生的那个"小玩意儿"而感到嫉妒，而且还因为妈妈给予男生更高的评价而感到愤怒。她的观念似乎发生了一些变化，她开始怀疑之前认为自己只是因为没有那个"小玩意儿"而被轻视的看法是不全面的。她听妈妈和外婆说过很多次，每个女人的命运都是为男人服务，为男人而牺牲自己。而且对于尿床这件事，妈妈和外婆说来说去也总是在重复类似的话，比如"你都这么大了不觉得很丢脸吗？"或者"如果你一直尿床是找不到男朋友的，你知道吗？"她感觉这一切似乎都是因为自己是女孩，自己就必须得绕着另一种性别的人转。

跟柏翠莎见过几次面之后，心理医生又约见了她的父母，跟他们反馈柏翠莎这边的情况，告诉他们孩子因为父母到底有多爱自己的问题而感到非常疑惑，非常需要得到明确的答复。作为一个女孩，跟哥哥和弟弟相比自己是特殊的，柏翠莎想得到妈妈的承认和欣赏，需要在妈妈的眼神中看到她对自己的肯定。爸爸的表现也很重要，爸爸应该对柏翠莎表现出应有的兴趣，因为她也是一个"年轻的女孩"了。

过了一段时间后，柏翠莎惊讶地告诉医生，爸爸邀请她跟他一起去威尼斯出差，在那儿他带她去餐厅吃饭，还住了非常漂亮的酒店，里面有各种好看的灯光。而且妈妈也遵从了医生的建议，她决定开始教柏翠莎如何织毛衣，这样母女两个人就有了一些只属于她们的私密时间，而且女儿之前早就开始自己织小鞋子和各种颜色的围巾了，也该教她织毛衣了。

与此同时，柏翠莎遗尿的问题也明显好转了，她经常早上起来发现自己没有尿床，而且这种频率越来越高了。但是当柏翠莎又尿了床的时候，妈妈还是会表示出自己的失望和沮丧。

心理医生建议跟柏翠莎父母再进行一系列的会面，从而更好地辅助女儿的治疗。在此期间，父母的确逐渐对某些事实有一个新的认识。比如说，妈妈清晰地认识到，自己的愤怒不仅跟在她心里男性地位更高有关，更深层的根源，要追溯到当初因为分娩而必须跟大儿子分离的经历。而爸爸则意识到跟女儿也是可以做很多有趣的事情的，而且父亲应始终扮演一个非常重要的、不可或缺的角色。

在某一次会面时，小女孩给医生讲了她做的一个梦：有一天她和爸爸妈妈在草坪上散步，妈妈突然发现自己丢了一个耳钉，然后就感到非常失望。为了安慰妈妈，柏翠莎去采了两束野花，一束送给了妈妈，一束送给了爸爸。爸爸拿起花凑到鼻子上去闻的时候，其中一朵雏菊的花心上突然出现了一颗小小的蓝色珍珠，照亮了爸爸的眼睛。柏翠莎告诉医生，那颗蓝色的珍珠就像是她的心！

过了一段时间后，心理医生接到了孩子妈妈打来的电话，说柏翠莎得去医院住一段时间，因为她做一个切除扁桃体和腺样体的手术，之后的康复期间，他们会一起去海边度一个星期的假。

度假回来的时候，柏翠莎的父母向医生反映，从住院后第二天起，柏翠莎就再也没有尿过床。

女孩回来后再次见到医生时，讲述了自己住院和康复的经历，她非常满意地对医生说了这样的话："妈妈一直在医院里陪我，把卢卡和西蒙留给外公外婆照顾了。"

暑假结束之后，柏翠莎的父母告诉医生，柏翠莎再也没有尿过床了。

柏翠莎尿床的故事清楚地表明，遗尿这一现象可以传达给我们非常复杂的信息，它既跟柏翠莎在与自己所爱的人的关系中所产生的困惑、恐惧、愤怒等情感有关，也跟她难以接受自己的女性性别身份的事实有关。

结　语

　　孩子对自己的大小便的理解方式，以及他们看待自己身体上的生理需求（吃饭、睡觉、排泄）的态度，不仅与其跟父母的关系是否和谐密切相关，同时也与父母从孩子出生开始对待孩子的身体及其生理功能的方式有很大的关系。

　　——佩斯（Pace P.）、马斯特洛雷（Mastroleo A.），2009

　　我们都知道，母亲和孩子的第一次相遇是通过两个身体的接触来实现的，随后孩子和其他家庭成员的情感关系也是通过身体来维系的，身体是双方进行接触和交流的媒介，这构成了不同个体之间的情感纽带的基础。

　　因此，孩子与自己的身体之间的关系，深受跟亲人相处的过程中所获得的情感体验的影响。

　　我们试图让大家明白，孩子的卫生教育和对身体功能的控制与孩子跟父母的关系息息相关。因此，有时候亲子关系上的冲突可能很快就会体现在孩子的身体上，即小家伙的身体功能出现异常。爸爸和妈妈如果把孩子盯得过紧，包括每天不断地唠叨和警告孩子有关于身体护理方面的规则，就很有可能会引发孩子顽固的抵抗，或者导致孩子出现明显的退化性行为。

　　有关大小便教育的问题，有的家长会向孩子不停地重复各种要求，或者以强硬的语气来命令孩子该怎么做，而且制订严格的计划，急切地催促孩子尽快学会，但是这些计划往往只是以大人自己的习惯和方式为标准，忽略了孩子的实际情况，对于这些做法，我们无疑最好要避免。

　　尿床症状的出现，常常说明家长对孩子提出的要求过高，孩子暂时做不到、完不成。每个孩子都有自己的节奏，面对成长发育过程中的种种挑战时，他们也有自己独特的方式。孩子并不是可以一直满足父母的期望的，这个问题我们希望在正文中已经讲清楚了；因此不要让孩子从爸爸妈妈的眼神中看到太多的失望和不信任，我们认为这一点对每个孩子来说都是非常重要的。

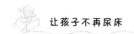

一般来说，尿床只是孩子成长发育过程中所遇到的一点小困难，并不是病理性的疾病，只要多给孩子一点时间，这种现象是可以自行消失的。

当孩子表现遗尿现象时，儿科诊所无疑是优先考虑的地方，在这里，孩子和父母可以找到最恰当的工具，从而帮助他们更好地理解所遇到的问题的性质。的确如此，关心儿童和儿童所在的家庭是儿科医生的职责所在，他们的目标就是通过跟父母的共同努力，保证小朋友的健康和家庭生活的幸福。

但是有时候儿科医生会发现孩子所遇到的问题并不限于表面的症状，而是有着非常深层次的根源。这时候，最能给孩子所在的家庭提供有效帮助的就是心理医生了。心理医生可以帮助孩子和家庭一起深入调查引起孩子症状的深层心理原因到底是什么，比如有时候这些表面的症状只是借助身体来传达一个信号，提醒家里的人们忽略了某件事情，或误以医学的手段来处理了某个问题。因此，帮助父母正确地理解孩子的症状，是治疗过程中的一个转折点，一个开启新的变化的时刻。

有时夜间遗尿症会带有反抗的性质，它代表孩子内心在抗拒某些关于控制排便的规则。有些遗尿的孩子非常任性，所有的家庭成员都不得不满足他所有的需求，所以叫他"小霸王"。

我们要记住，孩子虽然还没长大，身体、本能和生理功能都还在成长过程中，但同时也是社会中的一个独立个体，他也要学会如何面对周围的其他个体。因此，在孩子的成长过程中，我们所制定的教育方案，既要包含禁令和挫折，也要给他们创造愉悦和满足的体验。

然而，跟以前相比，如今教育孩子这件事变得更困难、更复杂了。

在以前，家庭中两代人之间的界限非常明显，从这个角度来说，现在的父母情感上肯定是跟孩子更亲近了，但是他们对自己教育孩子的能力却越来越没有信心了。他们既想做善良有爱的父母，又知道必须要学会对孩子说"不"，在这两种需求之间不断徘徊。因此，如今的父母往往更倾向于把教育孩子这件事教给别人代为完成，找信得过的专业人士来教给他们到底应该怎么做。

有时候我们会看到有些父母完全随波逐流，将社会上所流行的各种言论奉为圭臬，拿过来作为自己教育孩子的理论基础。

　　比如，我们可以想一想如今社会赋予了身体多么核心的地位，个人不仅要表现出色，外表还要夺人眼球。每个家长都想让自己的孩子成为最好的、最优秀的、最漂亮的或最帅的，为了实现这个目标，不惜以牺牲孩子的个性为代价，可是他们明明也是独立的个体，他们也有自己的故事和独特的个性。

　　但是我们认为，对孩子的关心、温柔与爱护，其实就是给每位父母最好的指南，在教育孩子的问题上也不例外。

参考书目

[1] E.J. Anthony, *An experimental approach to the psycopathology of chil- dhood: Encopresis*, 'British Journal of Medical Psycology', 30, pp. 146– 175, 1957

[2] M. Bernardi, *Il nuovo bambino*, Milano libri, Milano, 1972

[3] F. Dolto (1988), *Adolescenza*, Oscar Mondadori, Milano, 1990

[4] F. Dolto (1946–1988), *I problemi dei bambini*, Arnoldo Mondadori, Mi- lano, 1995

[5] E. Erikson (1950), *Infanzia e società*, Armando Editore, Roma, 2001

[6] S. Ferenczi (1925), *Psicoanalisi delle abitudini sessuali, in*

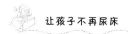

Fondamenti di psicoanalisi, Guaraldi, Rimini, 1974

[7] S. Freud (1914), *Introduzione al narcisismo, in Opere, 7,* Boringhieri, Torino, 1975

[8] M. Herbert, *Cacca addosso & pipì* a letto, Ecomind, Salerno, 2001

[9] P. Pace, A. Mastroleo, *Sfamami*, Bruno Mondadori, Milano, 2009

[10] J. Piaget (1967), *Lo sviluppo mentale del bambino*, Einaudi, Torino, 1970

[11] D.Shaffer, *Enuresis*, in M. Rutter, E. Taylor, L. Hersov (eds.), *Child and Adolescent Psychiatry: Modern Approaches*, Blackwell Science, Oxford, 1994

[12] D.W. Winnicott (1958), *Dalla pediatria alla psicoanalisi*, G. Martinelli & C., Firenze, 1975